普通高等院校工科专业单片机系列教材

# 单片机原理及应用
## （C 语言版）

主　编　郭军利　祝朝坤　张凌燕
参　编　张天一　梁　妍　乔　阳

北京理工大学出版社
BEIJING INSTITUTE OF TECHNOLOGY PRESS

## 内容简介

本书通过实践例程出发,详细讲解该实践题目所用到的单片机知识、C51 语法等相关知识点。书中的所有例程均以实际硬件实验板为根据,由 C 语言程序来分析单片机工作原理,使读者知其然又能知其所以然,从而帮助读者从实际应用中彻底理解和掌握单片机原理。

本书内容共分 14 章,第一章主要从单片机的概述上,对单片机的发展历程、内部构成和原理等方面进行了简要介绍;第二章重点介绍了 8051 单片机常用的 C51 语法和使用技巧;第三章介绍单片机开发环境的搭建,以及新建工程的详细步骤;第四~七章在内容组织上循序渐进、由浅入深,分别从 LED 发光二极管、数码管、按键、LCD 液晶显示器等器件的驱动方面,逐渐编程讲解单片机 I/O 口的各种外部输入/输出设备的应用;第八章主要介绍单片机外部中断的概念以及 51 单片机中断的使用方法,并通过一个实验例程,详细介绍了 51 单片机中断的使用;第九章介绍了单片机定时/计数器的概念和使用方法;第十章介绍了串行通信的相关概念,并通过实践应用介绍了如何使用 51 单片机的串行口进行数据收发。第十一、十二章分别对 $I^2C$ 总线协议和 SPI 总线协议及其各自应用进行介绍;第十三章对单片机编程的常用规范和准则进行简要介绍,锻炼学生养成良好的编程风格;第十四章对单片机学习中可能会接触到的常用数字芯片进行简要介绍,简要分析了其使用方法和其常见的硬件电路组成。本书中以上各章的实例程序均在实验板上进行过测试,并调试验证通过。同时,本书在各章节的讲解中,采用从原理到实践,再从实验现象进一步分析原理的方式,对 51 单片机的主要功能及硬件结构做了较为详细的分析讲解。

本书适合作为普通高等院校电子信息类、机电类、自动化类等专业的单片机课程实践教材。

**版权专有　侵权必究**

### 图书在版编目(CIP)数据

单片机原理及应用:C 语言版/郭军利,祝朝坤,张凌燕主编. —北京:北京理工大学出版社,2018.9(2023.8重印)
ISBN 978 - 7 - 5682 - 6197 - 5

Ⅰ. ①单… Ⅱ. ①郭… ②祝… ③张… Ⅲ. ①单片微型计算机 - 高等学校 - 教材 Ⅳ. ①TP368.1

中国版本图书馆 CIP 数据核字(2018)第 192001 号

| | |
|---|---|
| 出版发行 / | 北京理工大学出版社有限责任公司 |
| 社　　址 / | 北京市海淀区中关村南大街 5 号 |
| 邮　　编 / | 100081 |
| 电　　话 / | (010) 68914775(总编室) |
| | (010) 82562903(教材售后服务热线) |
| | (010) 68944723(其他图书服务热线) |
| 网　　址 / | http://www.bitpress.com.cn |
| 经　　销 / | 全国各地新华书店 |
| 印　　刷 / | 唐山富达印务有限公司 |
| 开　　本 / | 787 毫米×1092 毫米　1/16 |
| 印　　张 / | 14 |
| 字　　数 / | 330 千字 |
| 版　　次 / | 2018 年 9 月第 1 版　2023 年 8 月第 5 次印刷 |
| 定　　价 / | 35.00 元 |

责任编辑 / 陈莉华
文案编辑 / 陈莉华
责任校对 / 周瑞红
责任印制 / 李志强

图书出现印装质量问题,请拨打售后服务热线,本社负责调换

# 序

德是育人的灵魂统帅，是一个国家道德文明发展的显现。坚持"育人为本、德育为先"的育人理念，把"立德树人"作为教育的根本任务，为郑州工商学院校本教材建设指引方向。

立德树人，德育为先。教材编写应将习近平新时代中国特色社会主义思想渗透至教材各个章节中，帮助同学们用习近平新时代中国特色社会主义思想武装头脑，树立正确的世界观、人生观、价值观，加强自我修养，提高思想道德素质，促进大学生德智体美全面发展。

立德为先，树人为本。教材编写应着力培养学生的社会责任感、创新精神和实践能力，通过改革教育内容和教学方法，突出学生主体地位，注重学生个性化发展，把大学生培养成"站起来能讲，坐下去能写，走出去能干"的"三能"人才，引导广大学生坚定理想信念，志存高远，脚踏实地，勇于做时代的弄潮儿。

郑州工商学院校本教材注重引导学生积极参与教学活动过程，突破教材建设过程中过分强调知识系统性的思路，把握好教材内容的知识点、能力点和学生毕业后的岗位特点。编写以必需和够用为度，适应学生的知识基础和认知规律，深入浅出，理论联系实际，注重结合基础知识、基本训练以及实验实训等实践活动，培养学生分析、解决实际问题的能力和提高实践技能，突出技能培养目标。

# 前 言

本书从实际工程应用入手，以实验为主导，由浅入深，循序渐进地讲述了使用 C 语言为 51 单片机编程的方法，从而进一步讲解 51 单片机的硬件结构和各种功能应用。本书不同于传统的讲述单片机的书籍，本书中的所有例程均以实际硬件实验板为根据，由 C 语言程序来分析单片机工作原理，使读者知其然又能知其所以然，从而帮助读者从实际应用中彻底理解和掌握单片机原理。

另外，本书中大部分内容均来自作者教学工作及实践，内容涵盖了作者多年来项目经验的总结，并且贯穿一些学习方法的建议。本书内容丰富，实用性强，许多 C 语言代码可以直接应用到工程项目中。本书适合作为普通高等院校电子信息类、机电类、自动化类等各专业的单片机课程实践教材，非常适合 51 单片机的初学者使用本书，进行入门级别的学习和参考。

本书内容共分 14 章，第一章主要从单片机的概述上，对单片机的发展历程、内部构成和原理等方面进行了简要介绍，并从其应用领域上简述了单片机未来的发展趋势；第二章重点介绍了 8051 单片机常用的 C51 语法和使用技巧，帮助学生快速上手进行 C51 代码的编写；第三章介绍单片机开发环境的搭建，以及新建工程的详细步骤；第四~七章在内容组织上循序渐进、由浅入深，分别从 LED 发光二极管、数码管、按键、LCD 液晶显示器等器件的驱动方面，逐渐编程讲解单片机 I/O 口的各种外部输入/输出设备的应用；第八章主要介绍单片机外部中断的概念以及 51 单片机中断的使用方法，并通过一个实验例程，详细介绍了 51 单片机中断的使用；第九章介绍了单片机定时/计数器的概念和使用方法；第十章介绍了串行通信的相关概念，并通过实践应用介绍了如何使用 51 单片机的串行口进行数据收发。第十一、十二章分别对 $I^2C$ 总线协议和 SPI 总线协议及其各自应用进行介绍；第十三章对单片机编程的常用规范和准则进行简要介绍，锻炼学生养成良好的编程风格；第十四章对单片机学习中可能会接触到的常用数字芯片进行简要介绍，简要分析了其使用方法和其常见的硬件电路组成。本书中以上各章的实例程序均在实验板上进行过测试，并调试验证通过。同时，本书在各章节的讲解中，采用从原理到实践，再从实验现象进一步分析原理的方式，对 51 单片机的主要功能及硬件结构做了较为详细的分析讲解。

由于作者水平有限，本书中难免会有一些不尽如人意之处，敬请读者提出宝贵的建议和意见。

编　者

## 目录

**第一章　80C51 单片机概述** ……………………………………………………………（1）
　　第一节　计算机发展概述 ……………………………………………………………（1）
　　第二节　80C51 单片机介绍 …………………………………………………………（6）
　　本章小结 ………………………………………………………………………………（15）
　　练习题 …………………………………………………………………………………（16）

**第二章　C51 语言程序设计基础** ………………………………………………………（17）
　　第一节　函数及函数的调用 …………………………………………………………（17）
　　第二节　数制与数值运算 ……………………………………………………………（18）
　　本章小结 ………………………………………………………………………………（25）
　　练习题 …………………………………………………………………………………（25）

**第三章　Keil 软件的安装及开发环境的搭建** …………………………………………（26）
　　第一节　Keil 软件概述及其安装 ……………………………………………………（26）
　　第二节　CH340 串口驱动的安装 ……………………………………………………（33）
　　第三节　STC 下载软件 STC‑ISP 的使用 …………………………………………（33）
　　第四节　使用 Keil 软件新建一个工程 ………………………………………………（35）
　　本章小结 ………………………………………………………………………………（40）
　　练习题 …………………………………………………………………………………（41）

**第四章　LED 闪烁及流水灯程序设计及实践** …………………………………………（42）
　　第一节　LED 的亮灭 …………………………………………………………………（42）
　　第二节　延时函数及 LED 闪烁 ………………………………………………………（45）
　　第三节　流水灯的实现 ………………………………………………………………（51）
　　本章小结 ………………………………………………………………………………（54）
　　练习题 …………………………………………………………………………………（54）

**第五章　数码管显示程序设计及实践** …………………………………………………（55）
　　第一节　数码管显示原理 ……………………………………………………………（55）
　　第二节　数码管静态显示程序设计及实践 …………………………………………（58）
　　第三节　数码管动态显示程序设计及实践 …………………………………………（61）
　　本章小结 ………………………………………………………………………………（63）
　　练习题 …………………………………………………………………………………（63）

**第六章　字符型 LCD 液晶显示程序设计及实践** ……………………………………（64）
　　第一节　LCD1602 显示原理介绍 ……………………………………………………（64）

第二节 LCD1602 显示程序设计及实践 ·························································· (69)

 本章小结 ············································································································ (75)

 练习题 ················································································································ (75)

## 第七章 键盘检测原理及程序设计实践 ············································································ (76)

  第一节 独立键盘检测原理 ·············································································· (76)

  第二节 矩阵键盘检测应用实现 ······································································ (79)

 本章小结 ············································································································ (84)

 练习题 ················································································································ (84)

## 第八章 单片机中断及外部中断程序设计实践 ································································· (85)

  第一节 单片机中断及中断优先级的概念 ··················································· (85)

  第二节 单片机中断的条件及服务程序 ···························································· (88)

  第三节 外部中断的程序设计及实践 ···························································· (90)

 本章小结 ············································································································ (95)

 练习题 ················································································································ (96)

## 第九章 定时/计数器原理及应用 ············································································· (97)

  第一节 定时/计数器的工作原理 ···························································· (97)

  第二节 定时/计数器的工作方式 ···························································· (100)

  第三节 定时/计数器程序设计及实践 ···························································· (102)

 本章小结 ············································································································ (110)

 练习题 ················································································································ (110)

## 第十章 单片机串行口的应用 ············································································· (111)

  第一节 串行通信基础 ············································································· (111)

  第二节 80C51 单片机的串行接口 ···························································· (117)

  第三节 单片机串行接口应用举例 ···························································· (120)

 本章小结 ············································································································ (124)

 练习题 ················································································································ (124)

## 第十一章 I²C 总线的应用 ············································································· (125)

  第一节 初识 I²C ············································································· (125)

  第二节 EEPROM 的应用 ···························································· (132)

 本章小结 ············································································································ (146)

 练习题 ················································································································ (147)

## 第十二章 SPI 总线与实时时钟 DS1302 的应用 ································································· (148)

  第一节 SPI 时序初步认识 ···························································· (148)

  第二节 实时时钟芯片 DS1302 ···························································· (151)

  第三节 复合数据类型 ···························································· (167)

 本章小结 ············································································································ (184)

 练习题 ················································································································ (185)

## 第十三章 单片机 C 程序编写规范 ············································································· (186)

  第一节 程序文件结构 ············································································· (186)

| 第二节 | 程序的版式规范 | (188) |
| 第三节 | 单片机程序命名规则与变量选择 | (192) |
| 第四节 | 表达式和基本语句 | (195) |
| 第五节 | 函数设计规范 | (199) |

本章小结 ································· (202)
练习题 ··································· (202)

## 第十四章 芯片介绍 (203)

| 第一节 | 74HC595 芯片 | (203) |
| 第二节 | 74LS138 芯片 | (208) |
| 第三节 | 74HC245 芯片 | (210) |
| 第四节 | ULN2003 双极型线性集成电路 | (211) |

本章小结 ································· (213)
练习题 ··································· (213)

**参考文献** ······························· (214)

# 第一章

# 80C51 单片机概述

### 学习目标

1. 了解单片机的发展过程
2. 理解 80C51 单片机的基本结构
3. 掌握 80C51 单片机的最小系统

## 第一节 计算机发展概述

### 一、计算机的问世及其经典结构

1946 年 2 月 15 日,第一台电子数字计算机 ENIAC(Electronic Numerical Integrator And Computer)问世,这标志着计算机时代的到来。

ENIAC 是电子管计算机,时钟频率虽然仅有 100 kHz,但能在 1 s 的时间内完成 5 000 次加法运算。与现代的计算机相比,ENIAC 有许多不足,但它的问世开创了计算机科学技术的新纪元,对人类的生产和生活方式产生了巨大的影响。

在研制 ENIAC 的过程中,匈牙利籍数学家冯·诺依曼担任研制小组的顾问,并在方案的设计上做出了重要的贡献。1946 年 6 月,冯·诺依曼又提出了"程序存储"和"二进制运算"的思想,进一步构建了由运算器、控制器、存储器、输入设备和输出设备组成这一计算机的经典结构,如图 1.1 所示。运算器与控制器合称为中央处理器(CPU)。

电子计算机技术的发展,相继经历了电子管计算机、晶体管计算机、集成电路计算机、大规模集成电路计算机和超大规模集成电路计算机 5 个时代。但是,计算机的结构仍然没有突破冯·诺依曼提出的计算机的经典结构框架。

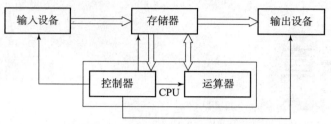

图 1.1　电子计算机的经典结构

## 二、微型计算机的问世及应用形态

### （一）微型计算机的问世

1971 年 1 月，英特尔公司的特德·霍夫在与日本商业通信公司合作研制台式计算器时，将原始方案的十几个芯片压缩成 3 个集成电路芯片。其中的两个芯片分别用于存储程序和数据，另一芯片集成了运算器和控制器（即 CPU），称为微处理器。这样微处理器、存储器和 I/O 接口电路就被组合在一个电路芯片上，构成了微型计算机。各部分通过地址总线（AB）、数据总线（DB）和控制总线（CB）相连，形成了如图 1.2 所示的基本微型计算机结构。

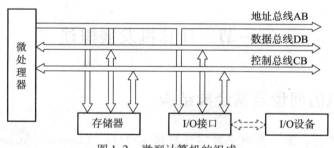

图 1.2　微型计算机的组成

在微型计算机基础上，再配以系统软件、I/O 设备便构成了完整的微型计算机系统，人们将其简称为微型计算机。

### （二）微型计算机的应用形态

从应用形态上，微型计算机可以分成 3 种：多板机（系统机）、单板机和单片机。

1. 多板机（系统机）

多板机是将微处理器、存储器、I/O 接口电路和总线接口等组装在一块主机板（即微机主板）上，再通过系统总线和其他多块外设适配板卡连接键盘、显示器、打印机、软/硬盘驱动器及光驱等设备。各种适配板卡插在主机板的扩展槽上，并与电源、软/硬盘驱动器及光驱等装在同一机箱内，再配上系统软件，就构成了一台完整的微型计算机系统，简称系统机。

目前人们广泛使用的个人计算机（PC 机）就是典型的多板微型计算机。由于其人机界面好、功能强、软件资源丰富，通常作为办公或家庭的事务处理及科学计算，属于通用计算机。现在 PC 机已经成为当代社会各领域中最为通用的工具。

另外，将系统机的机箱进行加固处理、底板设计成无 CPU 的小底板结构，利用底板的扩展槽插入主机板及各种测控板，就构成了一台工业 PC 机。由于其具有人机界面友好和软件资源丰富的优势，工业 PC 机常作为工业测控系统的主机。

2．单板机

将 CPU 芯片、存储器芯片、I/O 接口芯片和简单的 I/O 设备（小键盘、LED 显示器）等装配在一块印制电路板上，再配上监控程序（固化在 ROM 中），就构成了一台单板微型计算机，简称单板机。典型的产品如 TP801。单板机的 I/O 设备简单，软件资源少，使用不方便。早期主要用于微型计算机原理的教学及简单的测控系统，现在已很少使用。

3．单片机

在一片集成电路芯片上集成微处理器、存储器、I/O 接口电路，从而构成了单芯片微型计算机，即单片机。图 1.3 为微型计算机 3 种应用形态的比较。

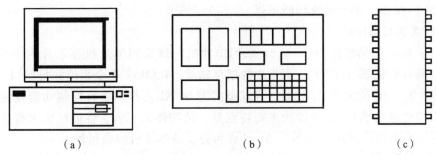

图 1.3　微型计算机的 3 种应用形态
(a) 系统机；(b) 单板机；(c) 单片机

计算机原始的设计目的是提高计算数据的速度和完成海量数据的计算。人们将完成这种任务的计算机称为通用计算机。

随着计算机技术的发展，人们发现了计算机在逻辑处理及工业控制等方面也具有非凡的能力。在控制领域中，人们更多地关心计算机的低成本、小体积、运行的可靠性和控制的灵活性。特别是智能仪表、智能传感器、智能家电、智能办公设备、汽车及军事电子设备等应用系统要求将计算机嵌入到这些设备中。嵌入到控制系统（或设备）中，实现嵌入式应用的计算机称为嵌入式计算机，也称为专用计算机。

嵌入式应用的计算机可分为嵌入式微处理器（如 386EX）、嵌入式 DSP 处理器（如 TMS320 系列）、嵌入式微控制器（即单片机，如 80C51 系列）及嵌入式片上系统 SoC。

单片机体积小、价格低、可靠性高，其非凡的嵌入式应用形态对于满足嵌入式应用需求具有独特的优势。目前，单片机应用技术已经成为电子应用系统设计最为常用的技术手段，学习和掌握单片机应用技术具有极其重要的现实意义。

综上所述，微型计算机技术的发展正趋于两个方向，一是以系统机为代表的通用计算机，致力于提高计算机的运算速度，在实现海量高速数据处理的同时兼顾控制功能；二是以单片机为代表的嵌入式专用计算机，致力于计算机控制功能的片内集成，在满足嵌入式对象的测控需求的同时兼顾数据处理。

## 三、单片机的发展过程及产品近况

### （一）单片机的发展过程

单片机技术发展十分迅速，产品种类琳琅满目。纵观整个单片机技术发展过程，可以分为以下 3 个主要阶段。

1. 单芯片微机形成阶段

1976 年，Intel 公司推出了 MCS – 48 系列单片机。该系列单片机早期产品在芯片内集成有：8 位 CPU、1 KB 程序存储器（ROM）、64 B 数据存储器（RAM）、27 根 I/O 线和 1 个 8 位定时/计数器。此阶段的主要特点是：在单个芯片内完成了 CPU、存储器、I/O 接口、定时/计数器、中断系统、时钟等部件的集成。但存储器容量较小，寻址范围小（不大于 4 KB），无串行接口，指令系统功能不强。

2. 性能完善提高阶段

1980 年，Intel 公司推出 MCS – 51 系列单片机。该系列单片机在芯片内集成有：8 位 CPU、4 KB 程序存储器（ROM）、128 B 数据存储器（RAM）、4 个 8 位并行接口、1 个全双工串行接口、2 个 16 位定时/计数器，寻址范围为 64 KB，并集成有控制功能较强的布尔处理器（完成位处理功能）。此阶段的主要特点是：结构体系完善，性能已大大提高，面向控制的特点进一步突出。现在，MCS – 51 已成为公认的单片机经典机种。

3. 微控制器化阶段

1982 年，Intel 公司推出 MCS – 96 系列单片机。该系列单片机在芯片内集成有：16 位 CPU、8 KB 程序存储器（ROM）、232 B 数据存储器（RAM）、5 个 8 位并行接口、1 个全双工串行接口、2 个 16 位定时/计数器。寻址范围最大为 64 KB。片上还有 8 路 10 位 ADC、1 路 PWM（D/A）输出及高速 I/O 部件等。近年来，许多半导体厂商以 MCS – 51 系列单片机的 8051 为内核，将许多测控系统中的接口技术、可靠性技术及先进的存储器技术及工艺技术集成到单片机中，生产出了多种功能强大、使用灵活的新一代 80C51 系列单片机。此阶段的主要特点是：片内面向测控系统外围电路增强，使单片机可以方便灵活地用于复杂的自动测控系统及设备。至此，"微控制器"的称谓更能反映单片机的本质。

### （二）单片机产品近况

随着微电子设计技术及计算机技术的不断发展，单片机产品和技术日新月异。单片机产品近况可以归纳为以下两个方面。

1. 80C51 系列单片机产品繁多，主流地位已经形成

通用微型计算机计算速度的提高主要体现在 CPU 位数的提高（16 位、32 位、64 位），而单片机更注重的是产品的可靠性、经济性和嵌入性。所以，单片机 CPU 位数的提高需求并不十分迫切。而多年来的应用实践已经证明，80C51 的系统结构合理、技术成熟。因此，许多单片机芯片生产厂商倾力于提高 80C51 单片机产品的综合功能，从而形成了 80C51 的主流产品地位。近年来推出的与 80C51 兼容的主要产品有：

（1）ATMEL 公司融入 Flash 存储器技术推出的 AT89 系列单片机；

(2) Philips 公司推出的 80C51、80C52 系列高性能单片机；
(3) 华邦公司推出的 W78C51、W77C51 系列高速低价单片机；
(4) ADI 公司推出的 ADμC8xx 系列高精度 ADC 单片机；
(5) LG 公司推出的 GMS90/97 系列低压高速单片机；
(6) MAXIM 公司推出的 DS89C420 高速（50MIPS）单片机；
(7) Cygnal 公司推出的 C8051F 系列高速 SoC 单片机等。

由此可见，80C51 已经成为事实上的单片机主流系列，所以本书以 80C51 为对象讲述单片机的原理与应用技术。

2. 非 80C51 结构单片机不断推出，给用户提供了更为广泛的选择空间

在 80C51 及其兼容产品流行的同时，一些单片机芯片生产厂商也推出了一些非 80C51 结构的产品，影响比较大的有：

(1) Intel 公司推出的 MCS-96 系列 16 位单片机；
(2) Microchip 公司推出的 PIC 系列 RISC 结构单片机；
(3) TI 公司推出的 MSP430F 系列 16 位低电压、低功耗单片机；
(4) ATMEL 公司推出的 AVR 系列 RISC 结构单片机等。

## 四、单片机的特点及应用领域

### （一）单片机的特点

1. 控制性能和可靠性高

单片机是为满足工业控制而设计的，所以实时控制功能特别强，其 CPU 可以对 I/O 端口直接进行操作，位操作能力更是其他计算机无法比拟的。另外，由于 CPU、存储器及 I/O 接口集成在同一芯片内，各部件间的连接紧凑，数据在传送时受干扰的影响较小，且不易受环境条件的影响，所以单片机的可靠性非常高。近期推出的单片机产品，内部集成有高速 I/O 口、ADC、PWM、WDT 等部件，并在低电压、低功耗、串行扩展总线、控制网络总线和开发方式（如在系统编程 ISP）等方面都有了进一步的增强。

2. 体积小、价格低、易于产品化

每片单片机芯片即是一台完整的微型计算机，对于批量大的专用场合，一方面可以在众多的单片机品种间进行匹配选择，同时还可以专门进行芯片设计，使芯片功能与应用具有良好的对应关系。在单片机产品的引脚封装方面，有的单片机引脚已减少到 8 个或更少，从而使应用系统的印制板减小、接插件减少、安装简单方便。在现代的各种电子器件中，单片机具有良好的性能价格比。这正是单片机得以广泛应用的重要原因。

### （二）单片机的应用领域

由于单片机具有良好的控制性能和灵活的嵌入品质，近年来单片机在各种领域都获得了极为广泛的应用。概要地分为以下几个方面。

1. 智能仪器仪表

单片机用于各种仪器仪表之中，一方面提高了仪器仪表的使用功能和精度，使仪器仪表

智能化，另一方面简化了仪器仪表的硬件结构，从而可以方便地完成仪器仪表产品的升级换代。如各种智能电气测量仪表、智能传感器等。

2. 机电一体化产品

机电一体化产品是集机械技术、微电子技术、自动化技术和计算机技术于一体，具有智能化特征的各种机电产品。单片机在机电一体化产品的开发中可以发挥巨大的作用。典型产品如机器人、数控机床、自动包装机、点钞机、医疗设备、打印机、传真机、复印机等。

3. 实时工业控制

单片机还可以用于各种物理量的采集与控制。电流、电压、温度、液位、流量等物理参数的采集和控制均可以利用单片机方便地实现。在这类系统中，利用单片机作为系统控制器，可以根据被控对象的不同特征采用不同的智能算法，实现期望的控制指标，从而提高生产效率和产品质量。典型应用如电机转速控制、温度控制、自动生产线等。

4. 分布系统的前端模块

在较复杂的工业系统中，经常要采用分布式测控系统完成大量分布参数的采集。在这类系统中，通常采用单片机作为分布式系统的前端采集模块，使系统具有运行可靠、数据采集方便灵活、成本低廉等一系列优点。

5. 家用电器

家用电器是单片机的又一重要应用领域，前景十分广阔。如空调器、电冰箱、洗衣机、电饭煲、高档洗浴设备、高档玩具等。另外，在交通领域中，汽车、火车、飞机、航天器等均有单片机的广泛应用。如汽车自动驾驶系统、航天测控系统、黑匣子等。

# 第二节　80C51 单片机介绍

Intel 公司推出的 MCS-51 系列单片机以其典型的结构、完善的总线、特殊功能寄存器的集中管理方式、位操作系统和面向控制的指令系统，为单片机的发展奠定了良好的基础。

8051 是 MCS-51 系列单片机的典型品种。众多单片机芯片生产厂商以 8051 为基核开发出的 CHMOS 工艺单片机产品统称为 80C51 系列。

## 一、MCS-51 系列简介

MCS-51 是 Intel 公司生产的一个单片机系列名称。属于这一系列的单片机有多种型号，如 8051/8751/8031、8052/8752/8032、80C51/87C51/80C31、80C52/87C52/80C32 等。该系列单片机的生产工艺有两种：一是 HMOS 工艺（即高密度短沟道 MOS 工艺），二是 CHMOS 工艺（即互补金属氧化物的 HMOS 工艺）。CHMOS、CMOS 和 HMOS 的结合，既保持了 HMOS 高速度和高密度的特点，还具有 CMOS 的低功耗的特点。在产品型号中凡带有字母"C"的，即为 CHMOS 芯片，不带有字母"C"的，即为 HMOS 芯片。HMOS 芯片的电平与 TTL 电平兼容，而 CHMOS 芯片的电平既与 TTL 电平兼容，又与 CMOS 电平兼容。所以，在单片机应用系统中应尽量采用 CHMOS 工艺的芯片。

在功能上，该系列单片机有基本型和增强型两大类，通常以芯片型号的末位数字来区分。末位数字为"1"的型号为基本型,末位数字为"2"的型号为增强型。如 8051/8751/8031、80C51/87C51/80C31 为基本型,而 8052/8752/8032、80C52/87C52/80C32 则为增强型。

## 二、80C51 的基本结构介绍

80C51 单片机的基本结构如图 1.4 所示。从图中可以看出,单片机主要由 CPU、存储器、I/O 口、时钟电路、总线控制模块等基本模块组成。

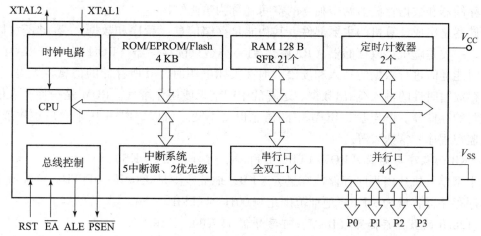

图 1.4　80C51 单片机的基本结构

### (一) CPU 系统

80C51 单片机使用的是 8 位 CPU,布尔处理器作为 80C51 单片机的核心部分,微处理器是一个 8 位的高性能中央处理器(CPU)。它的作用是读入并分析每条指令,根据各指令的功能控制单片机的各功能部件执行指定的运算或操作。它主要由以下两部分构成。

1. 运算器

运算器由算术/逻辑运算单元 ALU、累加器 ACC、寄存器 B、暂存寄存器、程序状态字寄存器 PSW 组成。它完成的任务是实现算术和逻辑运算、位变量处理和数据传送等操作。80C51 的 ALU 功能极强,既可实现 8 位数据的加、减、乘、除算术运算和与、或、异或、循环、求补等逻辑运算,同时还具有一般微处理器所不具备的位处理功能。

2. 控制器

控制器同一般微处理器的控制器一样,80C51 的控制器也由指令寄存器 IR、指令译码器 ID、定时及控制逻辑电路和程序计数器 PC 等组成。

(1) 程序计数器 PC 是一个 16 位的计数器(注:PC 不属于特殊功能寄存器 SFR 的范畴)。它总是存放着下一个要取的指令的 16 位存储单元地址。也就是说,CPU 总是把 PC 的内容作为地址,从内存中取出指令码或含在指令中的操作数。因此,每当取完一个字节后,PC 的内容自动加 1,为取下一个字节做好准备。只有在执行转移、子程序调用指令和中断响应时例外,那时 PC 的内容不再加 1,而是由指令或中断响应过程自动给 PC 置入新的地址。单片机上电或复位时,PC 自动清零,即装入地址 0000H,这就保证了单片机上电或复位后，程序从0000H地址开始执行。

（2）指令寄存器IR保存当前正在执行的一条指令。执行一条指令，先要把它从程序存储器取到指令寄存器中。指令内容含操作码和地址码，操作码送往指令译码器ID，并形成相应指令的微操作信号。地址码送往操作数地址形成电路以便形成实际的操作数地址。

（二）存储器系统

80C51单片机的片内存储器与一般微机的存储器的配置不同。一般微机的ROM和RAM安排在同一空间的不同范围（称为普林斯顿结构）。而80C51单片机的存储器在物理上设计成程序存储器和数据存储器两个独立的空间（称为哈佛结构）。

存储器是组成计算机的主要部件，其功能是存储信息（程序和数据）。存储器可以分成两大类，一类是随机存取存储器（RAM），另一类是只读存储器（ROM）。对于RAM，CPU在运行时能随时进行数据的写入和读出，但在关闭电源时，其所存储的信息将丢失。所以，它用来存放暂时性的输入/输出数据、运算的中间结果或用作堆栈。ROM是一种写入信息后不易改写的存储器。断电后，ROM中的信息保留不变。所以，ROM用来存放程序或常数，如系统监控程序、常数表等。

1. 4 KB的程序存储器（ROM/EPROM/Flash，可外扩至64 KB）

基本型单片机片内程序存储器容量为4 KB，地址范围是0000H～0FFFH。增强型单片机片内程序存储器容量为8 KB，地址范围是0000H～1FFFH。

2. 128 B的数据存储器（RAM，可再外扩64 KB）

基本型单片机片内数据存储器为128 B，地址范围是00H～7FH，用于存放运算的中间结果、暂存数据和数据缓冲。这128 B的低32个单元用作工作寄存器，32个单元分成4组，每组8个单元。20H～2FH共16个单元是位寻址区，位地址的范围是00H～7FH。然后是80个单元的通用数据缓冲区。

3. 特殊功能寄存器SFR

80C51单片机内部有SP、DPTR（可分成DPH、DPL两个8位寄存器）、PCON、IE、IP等21个特殊功能寄存器单元，它们同内部RAM的128 B统一编址，地址范围是80H～FFH。这些SFR只用到了80H～FFH中的21 B单元，且这些单元是离散分布的。增强型单片机的SFR有26 B单元，所增加的5个单元均与定时/计数器2相关。

80C51系列单片机的基本组成虽然相同，但不同型号的产品在某些方面仍会有一些差异。典型的单片机产品资源配置如表1.1所示。

由表1.1可见，增强型与基本型在以下几点有所不同：

片内ROM从4 KB增加到8 KB；

片内RAM从128 B增加到256 B；

定时/计数器从2个增加到3个；

中断源由5个增加到6个。

片内ROM的配置形式有以下几种：

无ROM（即ROMLess）型，应用时要在片外扩展程序存储器；

掩膜ROM（即MaskROM）型，用户程序由芯片生产厂写入；

EPROM型，用户程序通过写入装置写入，通过紫外线照射擦除；

表 1.1  80C51 系列典型产品资源配置

| 分类 | | 芯片型号 | 存储器类型及字节数 | | 片内其他功能单元数量 | | | |
|---|---|---|---|---|---|---|---|---|
| | | | ROM | RAM | 并口 | 串口 | 定时/计数器 | 中断源 |
| 总线型 | 基本型 | 80C31 | — | 128 B | 4个 | 1个 | 2个 | 5个 |
| | | 80C51 | 4 KB 掩膜 | 128 B | 4个 | 1个 | 2个 | 5个 |
| | | 87C51 | 4 KB EPROM | 128 B | 4个 | 1个 | 2个 | 5个 |
| | | 89C51 | 4 KB Flash | 128 B | 4个 | 1个 | 2个 | 5个 |
| | 增强型 | 80C32 | — | 256 B | 4个 | 1个 | 3个 | 6个 |
| | | 80C52 | 8 KB 掩膜 | 256 B | 4个 | 1个 | 3个 | 6个 |
| | | 87C52 | 8 KB EPROM | 256 B | 4个 | 1个 | 3个 | 6个 |
| | | 89C52 | 8 KB Flash | 256 B | 4个 | 1个 | 3个 | 6个 |
| 非总线型 | | 89C2051 | 2 KB Flash | 128 B | 2个 | 1个 | 2个 | 5个 |
| | | 89C4051 | 4 KB Flash | 128 B | 2个 | 1个 | 2个 | 5个 |

FlashROM 型，用户程序可以电写入或擦除（当前常用方式）。

另外，有些单片机产品还提供 OTPROM 型（一次性编程写入 ROM）供应状态。通常 OTPROM 型单片机较 Flash 型（属于 MTPROM，即多次编程 ROM）单片机具有更高的环境适应性和可靠性，在环境条件较差时应优先选择。

### （三）I/O 口和其他功能单元

4 个并行 I/O 口；

并行 I/O 引脚（32 个，分成 4 个 8 位口）：

P0.0 ~ P0.7：一般 I/O 口引脚或数据/低位地址总线复用引脚；

P1.0 ~ P1.7：一般 I/O 口引脚；

P2.0 ~ P2.7：一般 I/O 口引脚或高位地址总线引脚；

P3.0 ~ P3.7：一般 I/O 口引脚或第二功能引脚。

80C51 单片机有 4 个 8 位的并行口，即 P0 ~ P3。它们均为双向口，既可作为输入，又可作为输出。每个口各有 8 条 I/O 线。80C51 单片机还有一个全双工的串行口（利用 P3 口的两个引脚 P3.0 和 P3.1）。80C51 单片机内部集成有 2 个 16 位的定时/计数器（增强型单片机有 3 个定时/计数器）。80C51 单片机还具有一套完善的中断系统。

P1 接口是 80C51 的唯一单功能接口，仅能用作通用的数据输入/输出接口。

P3 接口是双功能接口，除具有数据输入/输出功能外，每一接口线还具有特殊的第二功能。

当 CPU 不对 P3 接口进行字节或位寻址时，单片机内部硬件自动将接口锁存器端置"1"。这时，P3 接口可以作为第二功能使用。P3 引脚的第二功能如表 1.2 所示。

表 1.2　P3 引脚的第二功能

| | |
|---|---|
| P3.0 | RXD（串行接口输入） |
| P3.1 | TXD（串行接口输出） |
| P3.2 | INT0（外部中断 0 输入） |
| P3.3 | INT1（外部中断 1 输入） |
| P3.4 | T0（定时/计数器 0 的外部输入） |
| P3.5 | T1（定时/计数器 1 的外部输入） |
| P3.6 | WR（片外数据存储器"写"选通控制输出） |
| P3.7 | RD（片外数据存储器"读"选通控制输出） |

P3 接口相应的接口线处于第二功能，应满足的条件是：
串行 I/O 接口处于运行状态（RXD、TXD）；
外部中断已经打开（INT0、INT1）；
定时器/计数器处于外部计数状态（T0、T1）；
执行读/写外部 RAM 的指令（RD、WR）。

**注**：与并行口 P3 复用的引脚：串行口输入和输出引脚 RXD 和 TXD；外部中断输入引脚 INT0 和 INT1；外部计数输入引脚 T0 和 T1；外部数据存储器写和读控制信号 WR 和 RD。

### （四）时钟电路

单片机的工作过程是：取一条指令、译码、进行微操作，再取一条指令、译码、进行微操作，这样自动地、一步一步地由微操作依序完成相应指令规定的功能。各指令的微操作在时间上有严格的次序，这种微操作的时间次序称作时序。单片机的时钟信号用来为单片机芯片内部各种微操作提供时间基准。定时与控制是微处理器的核心部件，它的任务是控制取指令、执行指令、存取操作数或运算结果等操作，向其他部件发出各种微操作控制信号，协调各部件的工作。80C51 单片机片内设有振荡电路，只需外接石英晶体和频率微调电容就可产生内部时钟信号。

### （五）总线控制逻辑

一般的微处理器芯片都设有单独的地址总线、数据总线和控制总线。但单片机由于芯片引脚数量的限制，数据总线与地址总线经常采用复用方式，且许多引脚还要与并行 I/O 口引脚兼用。总线型单片机典型产品如 80C31/AT89C51 等。

## 三、80C51 单片机的封装和引脚

80C51 系列单片机采用双列直插式（DIP）、QFP44（Quad Flat Pack）和 LCC（Leaded Chip Carrier）形式封装。这里仅介绍常用的总线型 DIP40 封装和非总线型 DIP20 封装，如图 1.5 所示。

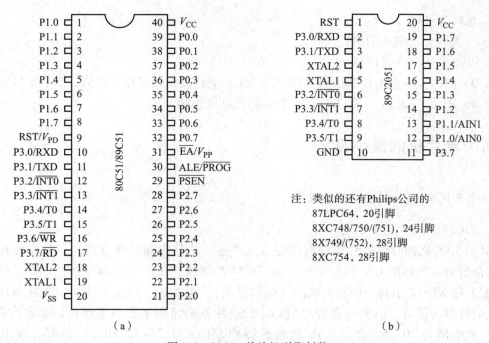

图 1.5　80C51 单片机引脚封装
（a）总线型引脚封装；（b）非总线型引脚封装

## （一）总线型 DIP40 封装的引脚

1. 电源及时钟引脚（4 个）

$V_{CC}$：电源接入引脚；

$V_{SS}$：接地引脚；

XTAL1：晶体振荡器接入的一个引脚（采用外部振荡器时，此引脚接地）；

XTAL2：晶体振荡器接入的另一个引脚（采用外部振荡器时，此引脚作为外部振荡信号的输入端）。

2. 控制线引脚（4 个）

RST/$V_{PD}$：复位信号输入引脚/备用电源输入引脚；

ALE/$\overline{PROG}$：地址锁存允许信号输出引脚/编程脉冲输入引脚；

$\overline{EA}$/$V_{PP}$：内外存储器选择引脚/片内 EPROM（或 FlashROM）编程电压输入引脚；

$\overline{PSEN}$：外部程序存储器选通信号输出引脚。

## （二）非总线型 DIP20 封装的引脚（以 89C2051 为例）

1. 电源及时钟引脚（4 个）

$V_{CC}$：电源接入引脚；

GND：接地引脚；

XTAL1：晶体振荡器接入的一个引脚（采用外部振荡器时，此引脚接地）；

XTAL2：晶体振荡器接入的另一个引脚（采用外部振荡器时，此引脚作为外部振荡信号的输入端)。

2. 控制线引脚（1个）

RST：复位信号输入引脚；

3. 并行 I/O 引脚（15个）

P1.0～P1.7：一般 I/O 口引脚（P1.0 和 P1.1 兼作模拟信号输入引脚 AIN0 和 AIN1）；

P3.0～P3.5、P3.7：一般 I/O 口引脚或第二功能引脚。

## 四、单片机的最小系统

### （一）80C51 单片机的时钟与时序

1. 80C51 的时钟产生方式

80C51 单片机的时钟信号通常由两种方式产生：一是内部时钟方式；一是外部时钟方式。内部时钟方式如图 1.6（a）所示。在 80C51 单片机内部有一振荡电路，只要在单片机的 XTAL1 和 XTAL2 引脚外接石英晶体（简称晶振），就构成了自激振荡器，并在单片机内部产生时钟脉冲信号。图中电容器 $C_1$ 和 $C_2$ 的作用是稳定频率和快速起振，电容值在 5～30 pF，典型值为 30 pF。晶振 CYS 的振荡频率范围在 1.2～12 MHz 间选择，典型值为 12 MHz 和 6 MHz。

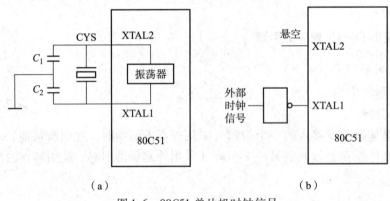

图 1.6 80C51 单片机时钟信号
(a) 内部时钟方式；(b) 外部时钟方式

外部时钟方式是把外部已有的时钟信号引入到单片机内，如图 1.6（b）所示。此方式常用于多片 80C51 单片机同时工作，以便于各单片机的同步。一般要求外部信号高电平的持续时间大于 20 ns，且为频率低于 12 MHz 的方波。对于 CHMOS 工艺的单片机，外部时钟要由 XTAL1 端引入，而 XTAL2 引脚应悬空。

2. 80C51 的时钟信号

晶振周期（或外部时钟信号周期）为最小的时序单位。80C51 单片机的时钟信号如图 1.7 所示。

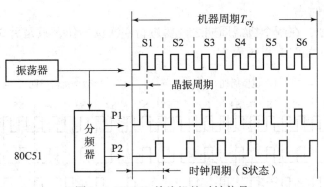

图 1.7　80C51 单片机的时钟信号

晶振信号经分频器后形成两相错开的时钟信号 P1 和 P2。时钟信号的周期也称为 S 状态，它是晶振周期的 2 倍，即一个时钟周期包含 2 个晶振周期。在每个时钟周期的前半周期，相位 1（P1）信号有效，在每个时钟周期的后半周期，相位 2（P2）信号有效。每个时钟周期有两个节拍（相）P1 和 P2，CPU 以 P1 和 P2 为基本节拍指挥各个部件协调地工作。

晶振信号 12 分频后形成机器周期，即一个机器周期包含 12 个晶振周期或 6 个时钟周期。因此，每个机器周期的 12 个振荡脉冲可以表示为 S1P1、S1P2、S2P1、S2P2、…、S6P2。

指令的执行时间称作指令周期。80C51 单片机的指令按执行时间可以分为三类：单周期指令、双周期指令和四周期指令（四周期指令只有乘、除两条指令）。

晶振周期、时钟周期、机器周期和指令周期均是单片机时序单位。机器周期常用作计算其他时间（如指令周期）的基本单位。如晶振频率为 12 MHz 时机器周期为 1 μs，指令周期为 1～4 个机器周期，即 1～4 μs。

3．80C51 的典型时序

1）单周期指令时序

单字节指令时序，如图 1.8（a）所示。在 S1P2 开始把指令操作码读入指令寄存器，并执行指令。但在 S4P2 开始读的下一指令的操作码要丢弃，且程序计数器 PC 不加 1。

双字节指令时序，如图 1.8（b）所示。在 S1P2 开始把指令操作码读入指令寄存器，并执行指令。在 S4P2 开始再读入指令的第二字节。单字节、双字节指令均在 S6P2 结束操作。

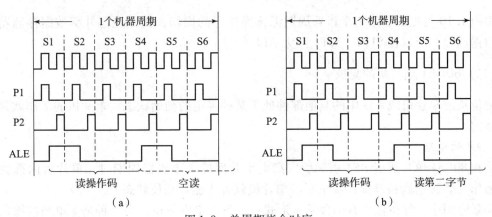

图 1.8　单周期指令时序
（a）单字节指令时序；（b）双字节指令时序

2）双周期指令时序

对于单字节指令，在两个机器周期之内要进行4次读操作，只是后3次读操作无效。单字节双周期指令时序如图1.9所示。

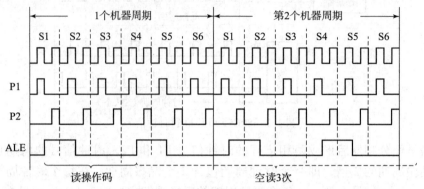

图1.9　单字节双周期指令时序

由图1.9中可以看到，每个机器周期中ALE信号有效两次，具有稳定的频率，可以将其作为外部设备的时钟信号。但应注意，在对片外RAM进行读/写操作时，ALE信号会出现非周期现象，如图1.10所示。

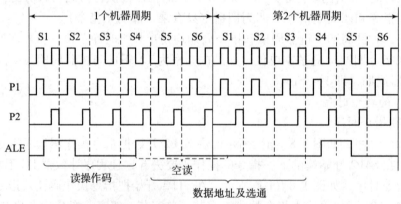

图1.10　访问外部RAM的双周期指令时序

由图1.10可见，在第2个机器周期无读操作码的操作，而是进行外部数据存储器的寻址和数据选通，所以在S1P2～S2P1间无ALE信号。

（二）80C51单片机的复位

复位是使单片机或系统中的其他部件处于某种确定的初始状态。单片机的工作就是从复位开始的。

1. 复位电路

当在80C51单片机的RST引脚引入高电平并保持2个机器周期时，单片机内部就执行复位操作（若该引脚持续保持高电平，单片机就处于循环复位状态）。

实际应用中，复位操作有两种基本形式：一种是上电复位，另一种是上电与按键均有效的复位。单片机复位电路如图1.11所示。

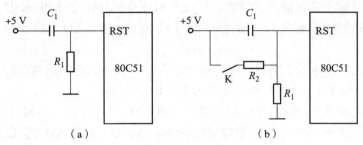

图 1.11 单片机复位电路
(a) 上电复位电路；(b) 按键与上电复位

上电复位要求接通电源后，单片机自动实现复位操作。常用的上电复位电路如图 1.11 (a) 所示。上电瞬间 RST 引脚获得高电平，随着电容 $C_1$ 的充电，RST 引脚的高电平将逐渐下降。

RST 引脚的高电平只要能保持足够的时间（2 个机器周期），单片机就可以进行复位操作。该电路典型的电阻和电容参数为：晶振为 12 MHz 时，$C_1$ 为 10 μF，$R_1$ 为 8.2 kΩ；晶振为 6 MHz 时，$C_1$ 为 22 μF，$R_1$ 为 1 kΩ。

按键与上电均有效的复位电路如图 1.11 (b) 所示。上电复位原理与图 1.11 (a) 相同，另外在单片机运行期间，还可以利用按键完成复位操作。晶振为 6 MHz 时，$R_2$ 为 200 Ω。

2. 单片机复位后的状态

单片机的复位操作使单片机进入初始化状态。初始化后，程序计数器 PC = 0000H，所以程序从 0000H 地址单元开始执行。单片机启动后，片内 RAM 为随机值，运行中的复位操作不改变片内 RAM 的内容。

特殊功能寄存器复位后的状态是确定的。P0~P3 为 FFH，SP 为 07H，SBUF 不定，IP、IE 和 PCON 的有效位为 0，其余的特殊功能寄存器的状态均为 00H。相应的意义为：

P0~P3 = FFH，相当于各口锁存器已写入"1"，此时不但可用于输出，也可以用于输入；

SP = 07H，堆栈指针指向片内 RAM 的 07H 单元（第一个入栈内容将写入 08H 单元）；

IP、IE 和 PCON 的有效位为 0，各中断源处于低优先级且均被关断，串行通信的波特率不加倍；

PSW = 00H，当前工作寄存器为 0 组。

# 本 章 小 结

MCS - 51 是 Intel 公司生产的一个单片机系列名称。其他厂商以 8051 为基核开发出的 CHMOS 工艺单片机产品统称为 80C51 系列。80C51 单片机在功能上分为基本型和增强型，在制造上采用 CHMOS 工艺。在片内程序存储器的配置上有掩膜 ROM、EPROM 和 Flash、无片内程序存储器等形式。

80C51 单片机由微处理器、存储器、I/O 接口以及特殊功能寄存器 SFR 等构成。

80C51 单片机的时钟信号有内部时钟方式和外部时钟方式两种。内部的各种微操作都以晶振周期为时序基准。晶振信号二分频后形成两相错开的时钟信号 P1 和 P2，12 分频后形成机器周期。一个机器周期包含 12 个晶振周期（或 6 个时钟周期）。指令的执行时间称作指令周期。

80C51 单片机的存储器在物理上设计成程序存储器和数据存储器两个独立的空间。片内程序存储器容量为 4 KB，片内数据存储器为 128 B。

80C51 单片机有 4 个 8 位的并行 I/O 接口：P0、P1、P2 和 P3。各接口均由接口锁存器、输出驱动器和输入缓冲器组成。P1 接口是唯一的单功能口，仅能用作通用的数据输入/输出接口。

## 练习题

1. 描述电子计算机的经典结构。
2. 单片机的最小系统都有什么？

# 第二章 C51 语言程序设计基础

**学习目标**

1. 了解函数及函数的用法
2. 理解数制及指令
3. 掌握数制的转换及相关运算符的计算方法

## 第一节 函数及函数的调用

### 一、函数介绍

主函数，C51 程序的执行总是从 main( ) 函数开始的。当函数中所有语句执行完毕，则程序执行结束。

在这里，整个项目由项目文件管理，项目文件扩展名为".U1"。整个工程项目中可以包含如下几类文件：

（1）头文件用来包含一些库函数，系统变量声明以及将不同的 C 文件连接起来。

（2）C 源文件是 C51 程序的主要部分，用来实现特定的功能。C 源文件可以有一个，也可以按照不同的功能分成多个，但所有这些 C 源文件中有且仅有一个可以包含一个 main( ) 主函数。

（3）库文件是实现特定功能的函数库，供 C 源文件调用。

（4）编译中间文件是源程序在编译链接过程中生成的中间文件，其中包含了文件编译、调试的信息。

（5）可烧录文件是编译系统通过编译生成的，可以烧录到单片机内部供其执行的可执行文件，一般后缀为".hex"或".bin"等。

在这些文件中，C 源文件是必需的，其他的可以根据用户实际的需要而选用。

通常 C 语言的编译器会自带标准的函数库，这些都是一些常用的函数，Keil 中也不例外。标准函数已由编译器软件商编写定义，使用者直接调用就可以了，而无须定义。但是标准的函数不足以满足使用者的特殊要求，因此允许使用者根据需要编写特定功能的函数，要调用它必须要先对其进行定义。定义的模式如下：

函数类型　函数名称（形式参数表）
{
　　函数体
}

函数类型是说明所定义函数返回值的类型。返回值其实就是一个变量，只要按变量类型来定义函数类型就行了。如函数不需要返回值，函数类型写作"void"，表示该函数没有返回值。需要注意的是，函数体返回值的类型一定要和函数类型一致，不然会造成错误。函数名称的定义在遵循 C 语言变量命名规则的同时，不能在同一程序中定义同名的函数，这将会造成编译错误（同一程序中是允许有同名变量的，因为变量有全局和局部变量之分）。形式参数是指调用函数时要传入到函数体内参与运算的变量，它可以有一个、几个或没有，当不需要形式参数也就是无参函数时，括号内为空或写入表示，但括号不能少。函数体中包含有局部变量的定义和程序语句，如函数要返回运算值则要使用"return"语句进行返回。

## 二、函数的调用

函数定义好以后，要被其他函数调用了才能被执行。C 语言的函数是能相互调用的，但在调用函数前，必须对函数的类型进行说明，就算是标准库函数也不例外。标准库函数的说明会按功能分别写在不一样的头文件中，使用时只要在文件最前面用"#include"预处理语句引入相应的头文件即可。调用就是指一个函数体中引用另一个已定义的函数来实现所需要的功能，这个时候函数体称为主调用函数，函数体中所引用的函数称为被调用函数。一个函数体中能调用数个其他的函数，这些被调用的函数同样也能调用其他函数，也能嵌套调用。

调用函数的一般形式如下：

函数名（实际参数表）；

函数名就是指被调用的函数。实际参数表可以为零或多个参数，多个参数时要用逗号隔开，每个参数的类型、位置应与函数定义时的形式参数一一对应，它的作用就是把参数传到被调用函数中的形式参数，如果类型不对应就会产生一些错误。调用的函数是无参函数时不写参数，但不能省后面的括号。

# 第二节　数制与数值运算

## 一、数制与指令

数制（即计数制，亦称记数制）是计数的规则。人们使用最多的是进位计数制，数的符号在不同的位置上时所代表的数的值不同。

十进制是人们日常生活中最熟悉的进位计数制。在十进制中，数用 0、1、…、9 这 10

个符号来描述。计数规则是逢十进一。

二进制是在计算机系统中采用的进位计数制。在二进制中，数用0、1这两个符号来描述。计数规则是逢二进一。在数字电路中，数字信号具有二值性，即"0"和"1"，称为低电平和高电平，因此数字电路采用的是二进制的运算方式。数字电路中，二进制的计数方式为"逢二进一"。二进制运算规则简单，便于物理实现，但书写冗长，不便于人们阅读和记忆。二进制数的位可以表示为"0"或"1"这两个值，它是计算机中数据的最小单位。生活中开关的通与断、指示灯的亮与灭、电动机的启与停都可以用它来描述和控制。有些计算机能够存取的最小单位可以到位（如80C51单片机）。

8个二进制的位构成字节。有些计算机存取的最小单位只能是字节（B）。1个字节可以表示$2^8$（即256）个不同的值（0~255）。字节中的位号从右至左依次为0~7。第0位称为最低有效位（LSB），第7位称为最高有效位（MSB），如下所示：

| 位号 | 7 | 6 | 5 | 4 | 3 | 2 | 1 | 0 |
|---|---|---|---|---|---|---|---|---|
| 字节 |   |   |   |   |   |   |   |   |

当数据值大于255时，就要采用字（2 B）或双字（4 B）表示。字可以表示$2^{16}$（即65 536）个不同的值（0~65 535），这时MSB为第15位，如下所示：

| 位号 | 15 | 14 | 13 | 12 | 11 | 10 | 9 | 8 | 7 | 6 | 5 | 4 | 3 | 2 | 1 | 0 |
|---|---|---|---|---|---|---|---|---|---|---|---|---|---|---|---|---|
| 字节 |   |   |   |   |   |   |   |   |   |   |   |   |   |   |   |   |

十六进制是人们在计算机指令代码和数据的书写中经常使用的数制。在十六进制中，数用0、1、…、9和A、B、…、F（或a、b、…、f）这16个符号来描述。计数规则是"逢十六进一"。由于4位二进制数可以方便地用1位十六进制数表示，所以人们对二进制的代码或数据常用十六进制形式缩写。

为了区分数的不同进制，可在数的结尾以一个字母标识。十进制（Decimal）数书写时结尾用字母D（或不带字母）；二进制（Binary）数书写时结尾用字母B；十六进制（Hexadecimal）数书写时结尾用字母H。

部分自然数的3种进制表示如表2.1所示。

表2.1 部分自然数的3种进制表示

| 自然数 | 十进制 | 二进制 | 十六进制 | 自然数 | 十进制 | 二进制 | 十六进制 |
|---|---|---|---|---|---|---|---|
| 〇 | 0 | 0000B | 0H | 九 | 9 | 1001B | 9H |
| 一 | 1 | 0001B | 1H | 十 | 10 | 1010B | AH |
| 二 | 2 | 0010B | 2H | 十一 | 11 | 1011B | BH |
| 三 | 3 | 0011B | 3H | 十二 | 12 | 1100B | CH |
| 四 | 4 | 0100B | 4H | 十三 | 13 | 1101B | DH |
| 五 | 5 | 0101B | 5H | 十四 | 14 | 1110B | EH |
| 六 | 6 | 0110B | 6H | 十五 | 15 | 1111B | FH |
| 七 | 7 | 0111B | 7H | 十六 | 16 | 10000B | 10H |
| 八 | 8 | 1000B | 8H | 十七 | 17 | 10001B | 11H |

指令是让单片机执行某种操作的命令。在单片机内部，指令按一定的顺序以二进制码的形式存放于程序存储器中。二进制码是计算机能够直接执行的机器码（或称目标码）。为了书写、输入和显示方便，人们通常将机器码写成十六进制形式，如二进制码 0000 0100B 可以表示为 04H。

## 二、编码

计算机只能识别"0"和"1"这两种状态，所以在计算机中数以及数以外的其他信息（如字符或字符串）要用二进制代码来表示。这些二进制形式的代码称为二进制编码。

### （一）字符的二进制编码——ASCII 码

字符的编码经常采用的是美国标准信息交换代码（American Standard Code for Information Interchange，ASCII）。一个字节的 8 位二进制码可以表示 256 个字符。当最高位为"0"时，所表示的字符为标准 ASCII 码字符，共有 128 个，用于表示数字、英文大写字母、英文小写字母、标点符号及控制字符等，如表 2.22 所示；当最高位为"1"时，所表示的是扩展 ASCII 码字符，表示的是一些特殊符号（如希腊字母等）。

ASCII 码常用于计算机与外部设备的数据传输。如通过键盘的字符输入，通过打印机或显示器的字符输出。常用字符的 ASCII 码如表 2.2 所示。

表 2.2 常用字符的 ASCII 码

| 字符 | ASCII 码 | 字符 | ASCII 码 | 字符 | ASCII 码 |
|---|---|---|---|---|---|
| 0 | 30H | A | 41H | a | 61H |
| 1 | 31H | B | 42H | b | 62H |
| 2 | 32H | C | 43H | c | 63H |
| 3 | 33H | D | 44H | d | 64H |
| 4 | 34H | E | 45H | e | 65H |
| 5 | 35H | F | 46H | f | 66H |
| 6 | 36H | G | 47H | g | 67H |
| 7 | 37H | H | 48H | h | 68H |
| 8 | 38H | I | 49H | i | 69H |
| 9 | 39H | J | 4AH | j | 6AH |
| : | 3AH | K | 4BH | k | 6BH |
| ; | 3BH | L | 4CH | l | 6CH |
| < | 3CH | M | 4DH | m | 6DH |
| = | 3DH | N | 4EH | n | 6EH |
| > | 3EH | O | 4FH | o | 6FH |
| ? | 3FH | P | 50H | p | 70H |

续表

| 字符 | ASCII 码 | 字符 | ASCII 码 | 字符 | ASCII 码 |
|---|---|---|---|---|---|
| @ | 40H | Q | 51H | q | 71H |
| SP（空格） | 20H | R | 52H | r | 72H |
| CR（回车） | 0DH | S | 53H | s | 73H |
| LF（换行） | 0AH | T | 54H | t | 74H |
| BEL（响铃） | 07H | U | 55H | u | 75H |
| BS（退格） | 08H | V | 56H | v | 76H |
| ESC（换码） | 1BH | W | 57H | w | 77H |
| FF（换页） | 0CH | X | 58H | x | 78H |
| SUN（置换） | 1AH | Y | 59H | y | 79H |
| SOH（标题开始） | 01H | Z | 5AH | z | 7AH |

为便于书写和记忆，表中 ASCII 码已缩写成十六进制形式。

应当注意，字符的 ASCII 码与其数值是不同的概念。如，字符"9"的 ASCII 码是 0011 1001B（即 39H），而其数值是 0000 1001B（即 09H）。

在 ASCII 码字符表中，还有许多不可打印的字符，如 CR（回车）、LF（换行）及 SP（空格）等，这些字符称为控制字符。控制字符在不同的输出设备上可能会执行不同的操作（因为没有非常规范的标准）。

## （二）二进制编码的十进制数——BCD 码

十进制是人们在生活中最习惯的数制，人们通过键盘向计算机输入数据时，常用十进制输入。显示器向人们显示的数据也多为十进制形式。

计算机能直接识别与处理的是二进制数。用 4 位二进制码可以表示 1 位十进制数。这种用二进制码表示十进制数的代码称为 BCD 码。常用的 8421BCD 码如表 2.3 所示。

表 2.3  8421BCD 码表

| 十进制数 | BCD 码 | 十进制数 | BCD 码 |
|---|---|---|---|
| 0 | 0000B | 5 | 0101B |
| 1 | 0001B | 6 | 0110B |
| 2 | 0010B | 7 | 0111B |
| 3 | 0011B | 8 | 1000B |
| 4 | 0100B | 9 | 1001B |

由于用 4 位二进制代码可以表示 1 位十进制数，所以采用 8 位二进制代码（1 个字节）就可以表示两位十进制数。这种用 1 个字节表示两位十进制数的代码，称为压缩的 BCD 码。相对于压缩的 BCD 码，用 8 位二进制代码表示的 1 位十进制数的编码称为非压缩的 BCD 码。

这时高 4 位无意义，低 4 位是 BCD 码。可见，采用压缩的 BCD 码比采用非压缩的 BCD 码节省存储空间。

应当注意，当 4 位二进制码在 1010B~1111B 范围时，则不属于 8421BCD 码的合法范围，称为非法码。两个 BCD 码的运算可能出现非法码，这时就要对所得结果进行调整。

## 三、二进制的逻辑运算

### （一）逻辑"与"

逻辑"与"的运算关系应该描述为"有低出低，全高出高"，在 C 语言程序中，用以表示与的符号为"&"，运算规则规定为：0&0=0；0&1=0；1&1=1。逻辑"与"的图形符号及国际标准符号如图 2.1 所示。

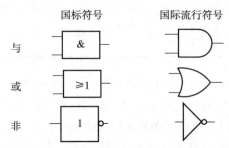

图 2.1　与、或、非国际符号和国际流行符号

在 C 语言的编程中，符号"&&"表示"按位与"，而上面提到的"&"为单位二进制数之间的运算。"&&"指的是将两个多位二进制数按照对应的位做逻辑"与"运算。例如（0110111）&&（1000101）=0000101。

### （二）逻辑"或"

逻辑"或"的运算关系应该描述为"有高出高，全低出低"。在 C 语言的编程中，逻辑"或"的运算符表示为"｜"，它的运算规则规定为：0｜0=0；0｜1=1；1｜1=1。逻辑"或"的图形符号及国际标准符号如图 2.1 所示。

在 C 语言的编程中，符号"｜｜"表示"按位或"，而上面提到的"｜"为单位的二进制数之间的运算。"｜｜"指的是将两个多位二进制数按照对应的位做逻辑"或"运算。例如（0110111）｜｜（1000101）=1110111。

### （三）逻辑"非"

逻辑"非"的运算关系应该描述为"由高出低，由低出高"。在 C 语言的编程中，逻辑"非"的运算符表示为"！"，它的运算规则规定为：！0=1；！0=1。逻辑"非"的图形符号及国际标准符号如图 2.1 所示。

在 C 语言的编程中，符号"~"表示"按位取非"，而上面提到的"！"为单位的二进制数之间的运算。"~"指的是将两个多位二进制数按照对应的位做逻辑"非"运算。例如 ~（0110111）=1001000。

## （四）逻辑"同或"

逻辑"同或"的运算关系应该描述为"相同的取1，不同的取0"。逻辑"同或"的运算符表示为"⊙"，它的运算规则规定为：1⊙0＝0；1⊙1＝1；0⊙0＝1。

## （五）逻辑"异或"

逻辑"异或"的运算关系应该描述为"不同的取1，相同的取0"。逻辑"异或"的运算符表示为"⊕"，它的运算规则规定为：1⊕0＝1；1⊕1＝0；0⊕0＝0。在C语言的编程中它的运算符号为"^"。

对于C语言来说，"同或"与"异或"的使用量较少，因此，在以后的学习过程中大家可以查阅其他的相关资料进行研究。

## （六）其他运算符

C51中的运算方式一共有3种，算术运算、逻辑关系运算、位的运算。它们的基本运算功能如表2.4和表2.5所示。

表2.4 算术运算符

| 算术运算符 | 含义 |
| --- | --- |
| + | 加法 |
| - | 减法 |
| * | 乘法 |
| / | 除法（取模运算） |
| ++ | 自加 |
| -- | 自减 |
| % | 取余运算 |

表2.5 关系（逻辑）运算符

| 关系（逻辑）运算符 | 含义 |
| --- | --- |
| > | 大于 |
| >= | 大于等于 |
| < | 小于 |
| <= | 小于等于 |
| == | 测试相等 |
| != | 测试不等 |
| && | 按位与 |
| \|\| | 按位或 |
| ! | 非 |

"/"是用在整数的除法运算中,8/3=2,在做求模运算时所选用的数据为整型,例如对8取模即是2。当我们进行带小数点的除法运算时,需要写成8/3.0这样的形式,它的结果就是2.666666。特别声明,如写成8/3那么它的结果只能是一个整型。

"%"是取余的运算,也是对整数进行运算,8%3,进行运算后的结果为2,这个数为8除以3的余数。

"++"是自加1的运算,也就是对某一个数值进行加1,一般用于循环程序,i++是先运算再加1, ++i是先加1再运算。

## 四、C51的基本数据类型

C语言的数据类型有多种,包括无符号字符型、有符号字符型、无符号整型等,那么首先要来举个例子说明一下什么是常量和变量。

设A=5,B=C,Y=A+B,求Y=?现在要对这个例子进行分析,在这个式子中将5赋予A,那么A就是一个固定的值,因此就称A为常量;将C赋予B,然而C并不是一个固定的值,那么B的值是随着C的值变化而变化的,因此就称B为变量。对于Y来说,它是由A与B来决定的,B是变量,那么称Y也是变量。由于B是变量,那么它可以是整型,也可以是其他的数,当然这个数需要有一个范围,有一定的限制。这里单片机就要求不能任意给变量赋值,因为不同类型的数据占用不同的内存地址,因此,变量的大小决定它占据的空间。为了使单片机内部的地址可以合理的分配,在C51编程时首先对需要用到的数据进行类型的设定,这样编译器才能明确分配的地址空间。单片机的C语言中经常用到的一些数据类型如表2.6所示。

表2.6 数据类型

| 数据类型 | 关键字 | 所占位数 | 表示数的范围 |
| --- | --- | --- | --- |
| 无符号字符型 | unsigned char | 8 | 0~255 |
| 有符号字符型 | char | 8 | -128~127 |
| 无符号整型 | unsigned int | 16 | 0~65 535 |
| 有符号整型 | int | 16 | -32 768~32 767 |
| 无符号长整型 | unsigned long | 32 | $0 \sim 2^{32}-1$ |
| 有符号长整型 | long | 32 | $-2^{31} \sim 2^{31}-1$ |
| 单精度实型 | float | 32 | 3.4e-38~3.4e38 |
| SFR型 | sfr | 8 | 0~255 |
| | sfr16 | 16 | 0~65 535 |
| 位类型 | bit | 1 | 0~1 |
| | sbit | 1 | 0~1 |

在单片机C51语言的内部有许多特殊功能寄存器,而且这些寄存器也都占有一定的地址单元,当需要调用这些寄存器时需要先给它们赋予相应的名称,那么这个名称就是寄存器

的名称，这样在编程过程中才可以自由地使用，编译器也能够在编译过程中识别出来对应的寄存器。这些对寄存器的声明需要写在程序的首部分。当然，单片机的特殊功能寄存器的声明已经被头文件"reg51.h"所包含，如果初学者不想深入学习，可以不用考虑它的操作。

sfr—特殊功能寄存器的声明，声明的数据为8位寄存器；

sfr16—声明的数据为16位寄存器；

sbit—声明变量；

bit—声明位变量，定义定位在内部RAM的20H~2FH单元的位变位地址范围是00~7FH。

对于C语言来说，在其他参考材料上还有short int，long int，signed short int等数据类型，在单片机系统的C51编程中可简化为：short int称为int，long int称为long，在数据类型前面若无undigned符号则认为数据类型为signed型。

不同的数据类型所占据的地址位数不同，当然在C51的编程中，无论是采用几进制计数值，每一位的数据都是由二进制代码构成的，也就是说有两种状态即"0"或"1"，这两种状态其中的一位就占据一个位数（bit），也就是单片机中的最小单位即一位。

那么在单片机编程语言中还有其他单位，八个位是一个字节B，例如8bit=1B。在上表中最小的数据类型单位所占的位数为8位，也就是一个字节。对于整型来说所占的位数为16位，长整型有32位的字节范围，双精度实型所占的字节数最大为64位。在这里单精度和双精度实数型是用来表示浮点数的，也就是通常所说的带有小数点的数，例如2.34、0.234等。在软件进行编译的过程中，由于float与double型的精度不同，因此在数据换算过程中需要有所变化。将单精度的数据转换到双精度时，位数没有问题。而将双精度的转换到单精度的数据时只能保留7位有效数字。例如：

```
float a;      //定义一个单精度型变量
a = 234.5678912;
```

如果将a转换成double型的变量，那么a就可以接收上面的所有数字并且储存起来。如果将a转换成float型变量，那么a就只能接收7位有效数字，即a的值为234.5678。

## 本 章 小 结

C51语言是单片机设计广泛采用的程序语言，本章首先介绍了C51语言的函数结构及函数的调用语句、空语句和返回语句，以及单片机的数据类型、进制、数据运算方式等，这都是C51程序的基础组成部分，灵活利用这些语句，可以建立扎实的编程基础，因此读者应该熟练掌握本章内容。

## ● 练 习 题

1. 什么是数制？什么是指令？
2. C语言的数据类型都有哪些？有什么特点？

# 第三章 Keil 软件的安装及开发环境的搭建

**学习目标**

1. 了解 Keil 软件的发展历史及特点
2. 理解开发环境搭建组成
3. 掌握开发环境的搭建及使用 Keil 软件新建工程

## 第一节 Keil 软件概述及其安装

### 一、Keil 软件概述

Keil 公司是一家业界领先的微控制器（MCU）软件开发工具的独立供应商。最初，Keil 公司分别由德国慕尼黑的 Keil Elektronik GmbH 和美国德克萨斯的 Keil Software Inc 这两家私人公司联合运营。Keil 公司制造和销售种类广泛的开发工具，包括 ANSI C 编译器、宏汇编程序、调试器、连接器、库管理器、固件和实时操作系统核心（real-time kernel）。有超过 10 万名微控制器开发人员在使用这种得到业界认可的解决方案。其 Keil C51 编译器自 1988 年引入市场以来成为事实上的行业标准，并能够在单片机开发中支持超过 500 种 8051 内核单片机极其变种单片机。

然而在 2005 年，Keil 公司被 ARM 公司收购。通过这次收购，ARM 公司与 Keil 公司一起推出基于 μVision 的界面，用于调试 ARM7、ARM9、Cortex-M 内核的 MDK-ARM 开发工具，用于控制领域的开发。近几年来发展的 Keil 的用途越来越广泛，也越来越专业。下面简单介绍其安装和破解方法。

### 二、Keil 软件的安装及 LIC 获取

打开光盘中的 Keil C51 文件夹，能够看到如图 3.1 的一个文件。

图 3.1　Keil C51 软件安装包

图中名称为 c51v954a.exe 的文件是 Keil C51 的软件安装包。接下来简要介绍如何正确安装这个软件。

1. Keil C51 的安装

首先双击运行 c51v954a.exe，进入 Keil C51 的安装界面，如图 3.2 所示。

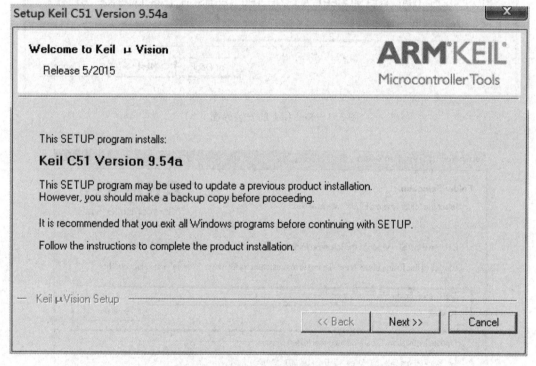

图 3.2　Keil C51 的安装界面（a）

其次，单击图 3.2 中的"Next >>"按钮，进入下一步中，如图 3.3 所示。

在这一步中勾选"I agree to all the terms of the preceding License Agreement"选项，即我同意以上条例。然后继续单击"Next >>"按钮，进入下一步，如图 3.4 所示。

这一步中是选择 Keil C51 的安装路径。系统默认安装在 C 盘的 Keil_v5 路径下。当然也可以自己更改安装路径。但是更改安装路径时需要注意以下两点：

（1）安装路径一定要保存在各盘的根目录下。例如 D:\Keil_v5 或 E:\Keil_v5 等。不允许保存在二级目录下，否则会出现不可预知的一些错误。例如路径 D:\51MCU\Keil_v5，这就是一个不建议的安装路径。

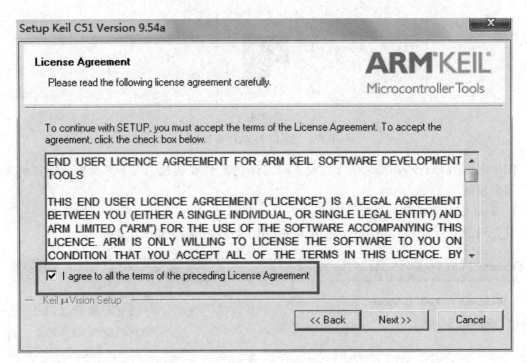

图 3.3　Keil C51 的安装界面（b）

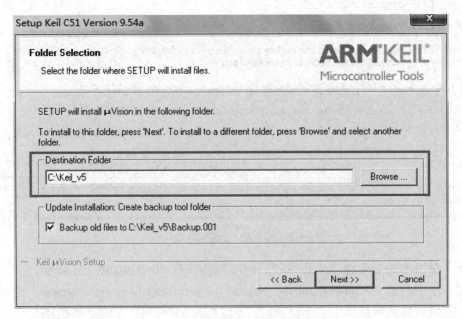

图 3.4　Keil C51 的安装路径选择界面

（2）安装路径中最好不要出现中文文件夹的名称。由于 Keil 软件有史以来都对汉语的支持不是太好，因此安装路径尽量不建议含有汉字。

选择完安装路径后，继续单击"Next >>"按钮，进入下一步，如图 3.5 所示界面。

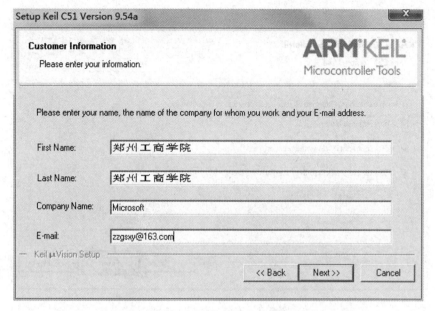

图3.5　Keil C51 的用户信息填写界面

图 3.5 中的这个界面需要用户填写个人的一些信息，这一步无关紧要，随便填一填就行了。紧接着继续单击"Next >>"按钮，就可以进入如图 3.6 所示的文件提取和安装过程了。

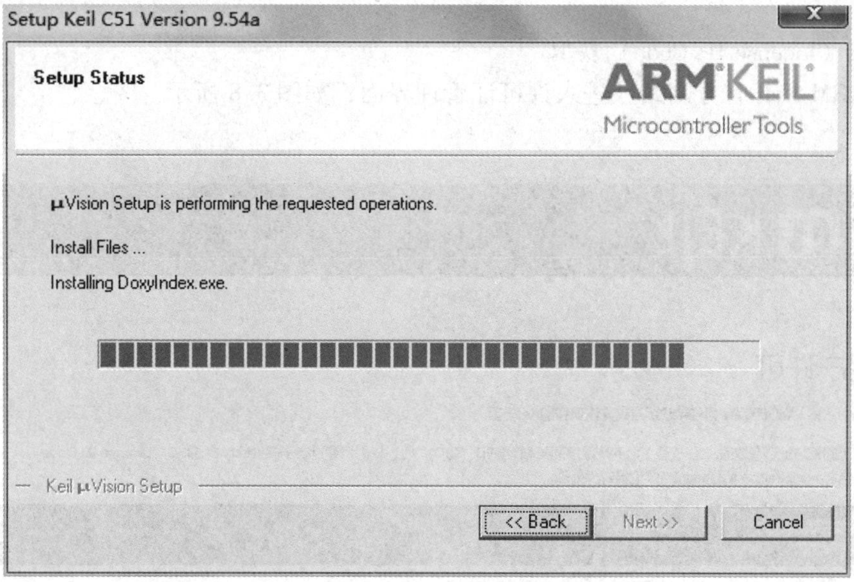

图 3.6　文件提取和安装过程

安装过程结束之后，会出现如图 3.7 所示安装成功提示界面。

单击"Finish"按钮，即可完成 Keil C51 软件的安装。Win10 系统务必使用管理员权限打开运行此软件。

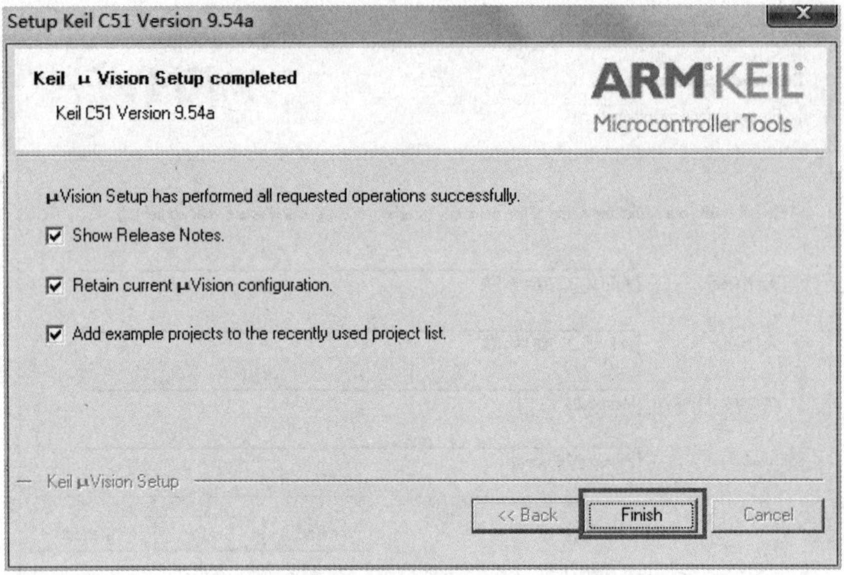

单片机原理及应用（C语言版）

图 3.7　安装成功提示界面

安装完成后，在桌面上可以看到 Keil μVision5 的图标  ，这是目前 Keil 软件的最新版本了。

2．LIC（License ID Code）获取

访问 ARM Keil 官方网站，进入许可证管理界面，如图 3.8 所示。

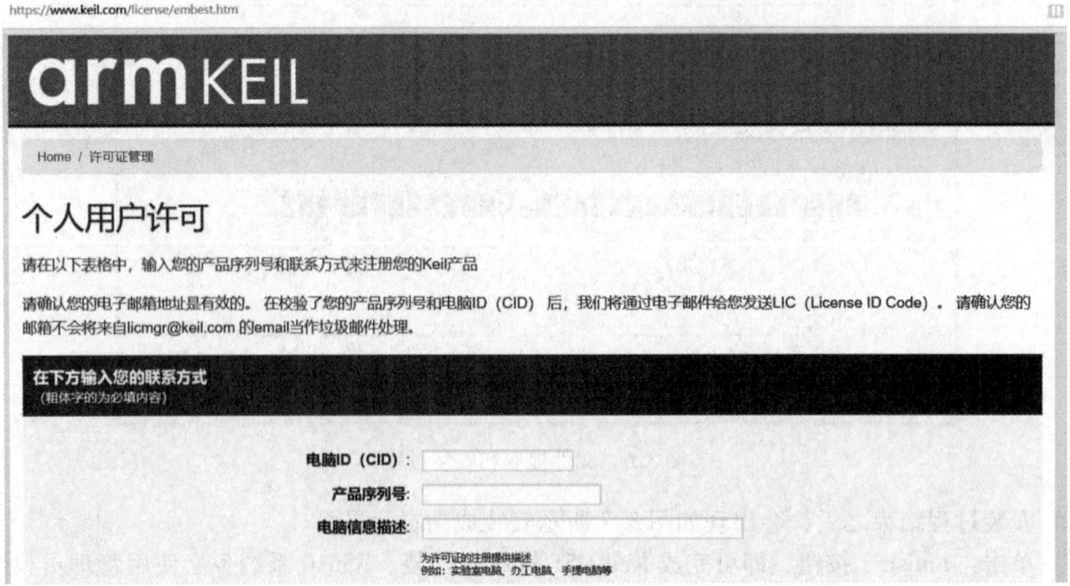

图 3.8　ARM Keil 许可证管理界面

由图 3.8 可以看出，需要填写的内容包含 CID 号，所谓的 CID 是 Computer ID 的缩写，CID 号在 Keil C51 软件下可以找到。

打开 Keil C51 软件（注意：最好以管理员身份运行此软件，以便获取最高权限），如图 3.9 所示。单击"File"选项，在弹出的下拉菜单中选择"License Management..."选项，就能弹出安装 Keil 软件证书的对话框，如图 3.10 所示。

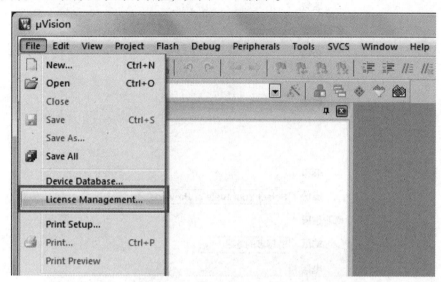

图 3.9  打开证书管理界面的方法

在图 3.10 中，可以看出在该界面右侧，能够找到 Keil 软件的 CID 号。

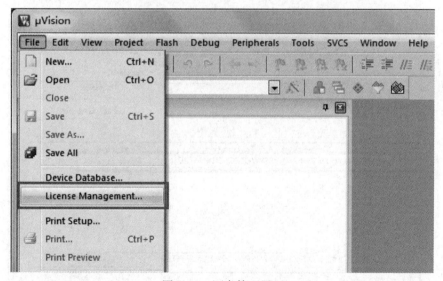

图 3.10  证书管理界面

复制并将其粘贴到 ARM Keil 许可证获取界面对应栏中，同时如实填写界面要求的其他内容，如图 3.11 所示。在校验了所填写的信息［主要是产品序列号和电脑 ID（CID）］后，官网会通过电子邮件将 LIC 发送给用户。

然后将获取的证书号复制，并粘贴到 Keil 软件的"License Management..."证书管理界面下的"New License ID Code（LIC）"一栏中，并单击"Add LIC"按钮，即可完成添加，结果如图 3.12 所示。至此，Keil 软件安装过程就全部完成了。

最后单击图 3.12 中"Close"按钮，重新启动 Keil C51 软件即可。

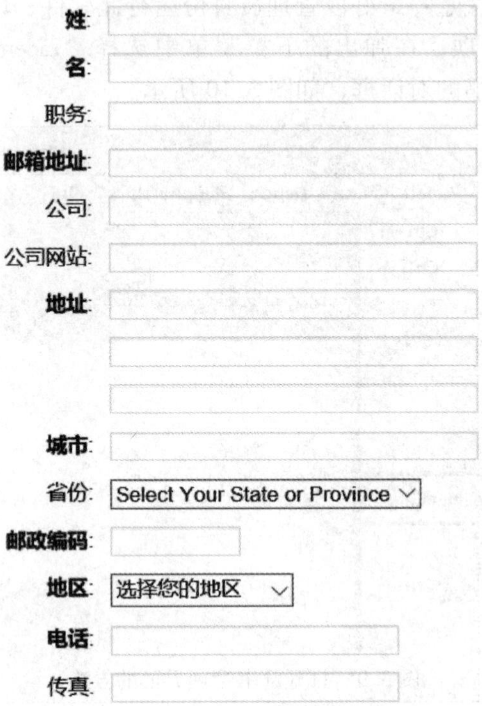

图 3.11　ARM Keil 许可证获取界面需填写内容

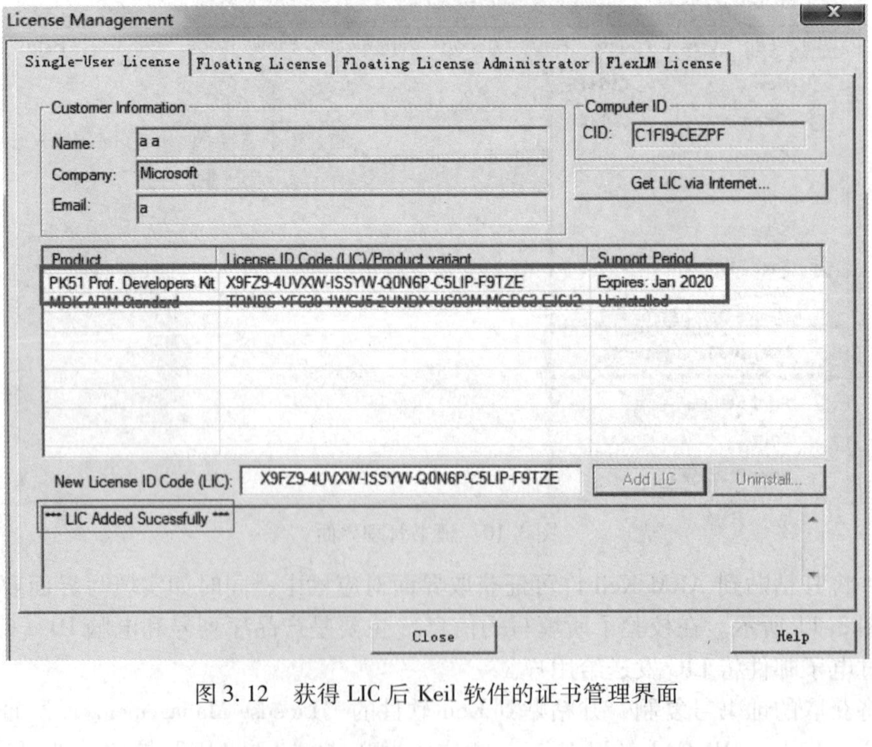

图 3.12　获得 LIC 后 Keil 软件的证书管理界面

## 第二节　CH340 串口驱动的安装

CH340 驱动软件是一款 USB 转串口的驱动软件，目的是用来驱动开发板或者下载工具中的 CH340USB 转串口芯片的。这款驱动软件的安装，也是计算机与单片机进行通信的前提。因此，在通过计算机对单片机进行程序下载时，以及做单片机与计算机进行串口通信实验时，都需要用到。下面简单介绍一下如何安装 CH340 驱动软件。

首先找到光盘中的下载软件文件夹，找到其中的 CH341SER. INF 安装包文件。双击运行，得到如图 3.13 所示界面。

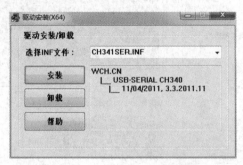

图 3.13　CH340 驱动安装界面

单击"安装"按钮，等待安装过程结束后，弹出"驱动预安装成功"界面，如图 3.14 所示。至此，CH340 驱动安装就算完成了。

图 3.14　CH340 驱动安装成功

## 第三节　STC 下载软件 STC – ISP 的使用

STC 单片机 ISP 编程下载软件 STC – ISP，是由 STC 宏晶半导体科技出品的一款单片机下载编程烧录软件，主要用它将 Keil 软件中编译后生成的"hex"文件烧写到 STC 单片机中。它主要针对 STC 系列单片机而设计，可下载 STC89 系列、12C2052 系列和 12C5410 等系列的 STC 单片机，使用简便、下载烧写程序稳定，现已被广泛使用。本书中使用的是其 V6.85 版本"stc – isp – 15xx – v6.85.exe"。如有需要，可以自行到 STC 官方网站下载 ISP 最新版本。

现以 V6.85 版 ISP 下载软件为例，简单介绍其使用方法。

双击"stc-isp-15xx-v6.85.exe"应用程序，打开ISP软件界面，如图3.15所示。

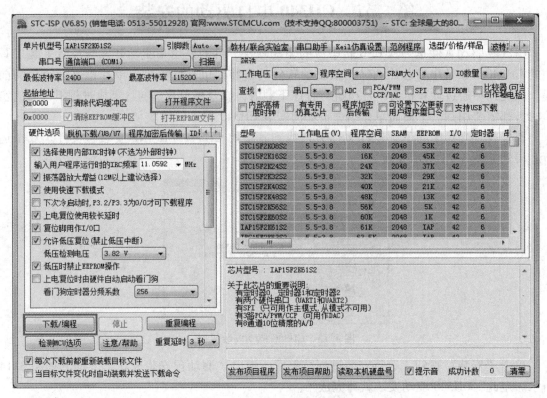

图3.15 ISP下载软件界面

界面中有很多功能按钮，而最常用的功能按钮包括："单片机型号"选择按钮，"串口号"端口选择按钮，"打开程序文件"选择下载文件按钮，以及"下载/编程"按钮。

首先，在使用该软件下载程序之前，应将单片机开发板连接到计算机的 USB 口上。查看开发板上的单片机型号，并在"单片机型号"选择菜单中选择同类型的单片机型号。

其次，选择开发板连接的 USB 口所对应的通信端口号，即选择"串口号"。若不清楚相应端口的串口号，可以在"设备管理器"进行查看；也可以直接单击"串口号"菜单后的"扫描"按钮，进行自动识别。

再次，单击"打开程序文件"按钮，选择一个已经编译好的后缀为".hex"的文件进行下载。这里以下载"led_for_old.hex"程序为例。最后单击"打开"按钮，即可将程序加载到 ISP 下载器中去，等待下载，如图3.16所示。

最后，单击"下载/编程"按钮，即可对该程序进行下载。当软件右侧的下载信息提示框提示"下载已成功！"后，即可在开发板上观察到该程序对应的效果了。至此，使用ISP软件进行程序烧写的过程就全部完成了。

Keil 软件的安装及开发环境的搭建　第三章

图 3.16　ISP 下载软件"打开程序代码文件"界面

## 第四节　使用 Keil 软件新建一个工程

打开 Keil 软件，屏幕出现如图 3.17 所示界面，接着出现 Keil 软件编辑界面，如图 3.18 所示。

接下来介绍如何使用 Keil 软件新建工程。

（1）首先选中界面右上角第四个"Project"菜单选项，单击下拉菜单中"New μVision Project..."选项，如图 3.19 所示。

图 3.17　启动 Keil 软件出现界面

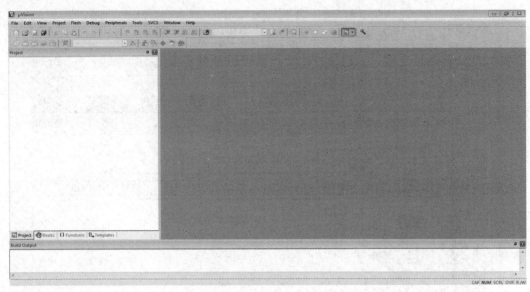

图 3.18　进入 Keil 软件后的编辑界面

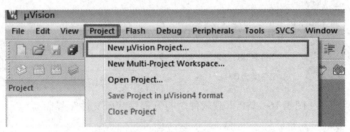

图 3.19　新建工程

（2）选择工程要保存的路径，输入工程文件名，如图 3.20 所示。

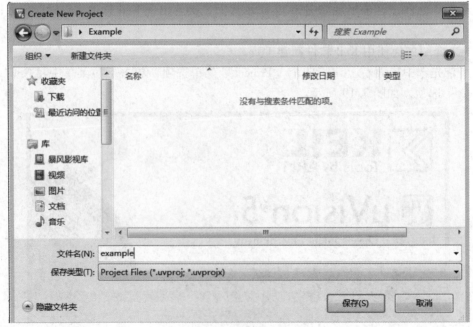

图 3.20　保存工程

这时会弹出一个对话框，该对话框是用来选择单片机的型号的。教学所使用的单片机型号是STC89C52，但在对话框中找不到。这里我们统一选择 ATMEL 的 AT89C52，因为 51 内核单片机具有通用性，所以可以选任一款 AT89C52。然后单击"OK"按钮，如图 3.21 所示。

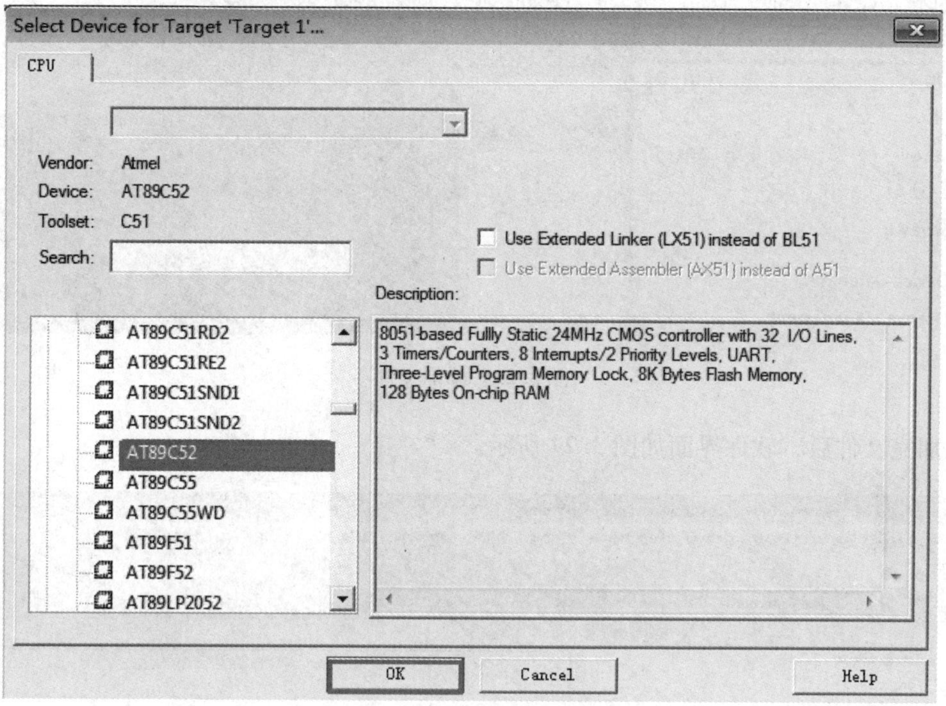

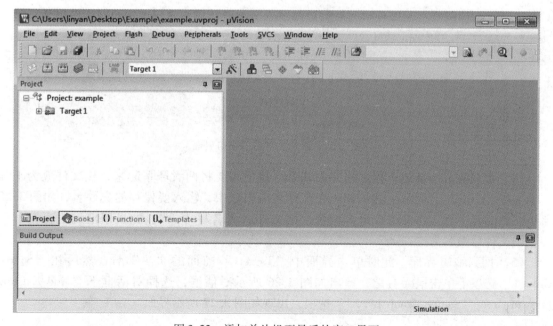

图 3.21　选择单片机型号

完成上一步后，窗口界面如图 3.22 所示。

图 3.22　添加单片机型号后的窗口界面

(3) 接下来，向工程中添加文件。选中界面左上角第一个"File"菜单选项，单击下拉菜单中"New…"选项，如图3.23所示。

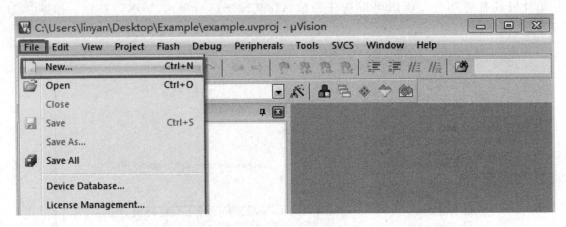

图3.23　添加文件

添加完文件后，软件界面如图3.24所示。

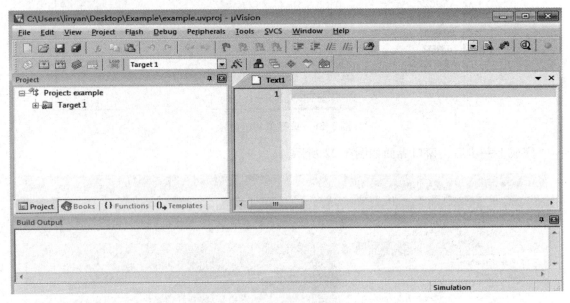

图3.24　添加文件后的窗口界面

(4) 此时文件与新建工程之间并无联系，接下来要将两者联系起来，让文件成为工程中的文件。单击左上角保存按钮，在文件名编辑框中，输入要保存的文件名，如图3.25所示。此时要注意，如果用C语言编程，则文件后缀名写".c"；如果用汇编语言编写程序，则文件后缀名为".asm"。

(5) 回到编辑界面，此时单击界面中"Target1"前面的"+"号，然后在"Source Group1"选项上单击鼠标右键，弹出如图3.26所示对话框，选择对话框下"Add Existing Files to Group'Source Group 1'…"选项，出现如图3.27所示界面。

Keil软件的安装及开发环境的搭建　第三章

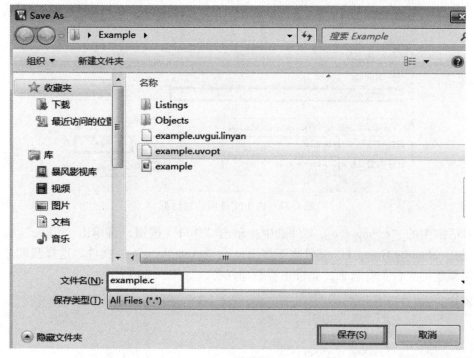

图 3.25　保存文件

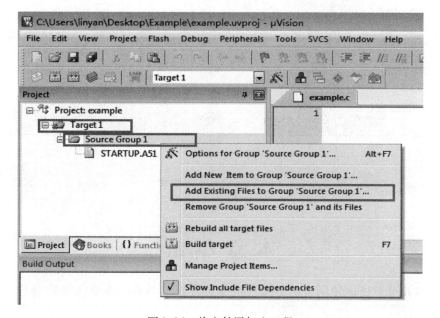

图 3.26　将文件添加入工程

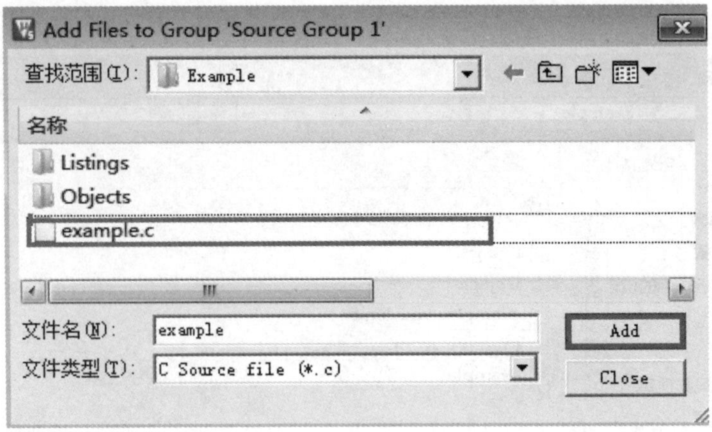

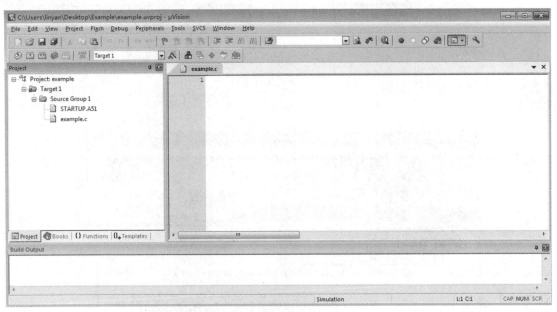

图3.27 选中文件后的对话框

将对话框中的"example.c"文件选中,单击"Add"按钮,再单击"Close"按钮,然后会发现在"Source Group 1"文件夹下多出一个"example.c"的文件。这样我们才将新建的文件与新建的工程关联起来,完成工程新建任务,如图3.28所示。

图3.28 将文件添加到工程后的界面

## 本 章 小 结

熟练掌握 Keil 软件的使用是学习单片机编程开发的基础,本章主要内容包括 Keil 软件概述、单片机开发环境的搭建,以及使用 Keil 软件新建工程等。

Keil 软件集编辑、编译、仿真调试等功能于一体,具有典型嵌入式处理器开发界面。它既支持 C 语言程序开发,又支持汇编程序开发。学会该软件的基本使用方法是掌握单片机应用技术的保证,也是以后学习其他嵌入式处理器的良好基础。

单片机的开发环境搭建是学习单片机非常重要的一环，其中包含了单片机开发软件 Keil μVision5 的安装及破解、USB 转串口驱动的安装及验证、STC 下载软件 ISP 的具体使用方法介绍这三部分内容。读者可以通过本章中对这三部分内容操作的详细讲解，快速地了解和掌握单片机开发环境的搭建过程。使用 Keil 软件进行单片机开发软件工程项目的建立过程，是开发单片机项目的基础，是开发单片机项目中非常重要的一环。本章第四节中对其做了详细的说明，能够帮助读者快速掌握新建工程的步骤和细节，从而快速上手单片机的开发工作。

● 练 习 题

1. 在计算机上安装 Keil 软件，然后练习新建工程。
2. 在计算机上安装 CH340 串口驱动，并验证串口驱动是否安装成功。

# 第四章

# LED 闪烁及流水灯程序设计及实践

**学习目标**

1. 了解延时函数的目的和 LED 的点亮条件
2. 理解流水灯的硬件接线原理
3. 掌握通过 C 语言编程实现对 LED 的流水灯操作

## 第一节 LED 的亮灭

### 一、LED 基本知识

发光二极管（简称 LED）是一种能够将电能转化为可见光的固态的半导体器件，它可以直接把电转化为光，由于它采用电场发光，其特点非常明显，寿命长、光效高。其图形符号如图 4.1 所示，发光二极管和普通二极管的基本性能都是一样的，它们最典型的特点就是单向导电性，如果给二极管的阳极加高电压，阴极加低电压，有足够大的压差，二极管就能够导通。发光二极管的发光亮度与通过的工作电流成正比，一般情况下，LED 的正向工作电流在 5 ~ 20 mA，若电流过大时会损坏 LED，因此使用时必须串联限流电阻以控制通过管子的电流，该电阻称为限流电阻，如图 4.2 所示。限流电阻 $R$ 可用下式计算：

图 4.1 发光二极管图形符号

$$R = (E - U_d)/I_d$$

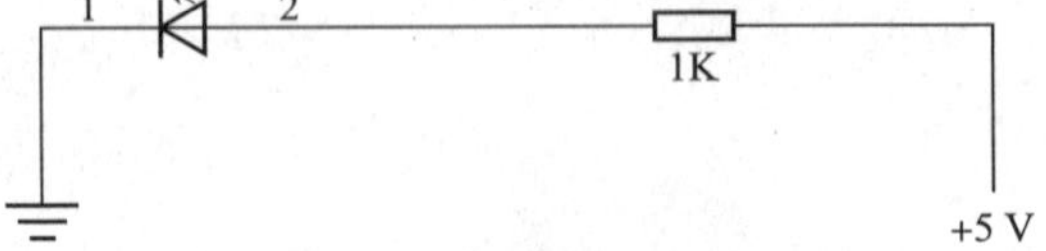

图 4.2 限流电阻大小

式中，$E$ 为电源电压；$U_d$ 为 LED 的正向压降；$I_d$ 为 LED 的一般工作电流。普通发光二极管的正向饱和压降为 1.4~2.1 V，正向工作电流为 5~20 mA。

## 二、LED 的亮灭实现电路

开发板上单片机与 LED 发光二极管的接线原理图如图 4.3 所示。8 个 LED 阳极接 +5 V，阴极接单片机 P2 口，LED 要想发光，需要控制单片机 P2 口处于低电平状态。给出点亮 8 个 LED 灯的程序，按照第一章新建工程文件写入程序：

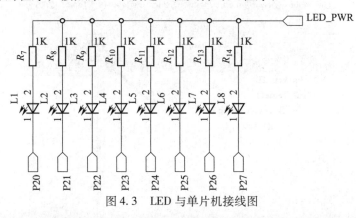

图 4.3　LED 与单片机接线图

```
#include <reg52.h>
void main( )
{
P2 = 0;
}
```

图 4.4 箭头所指的三个图标，从左至右分别是 Translate、Build、Rebuild。Translate 表示编译当前改动的源文件，在这个过程中检查语法错误，但并不生成可执行文件。Build 是只编译工程中上次修改的文件及其他依赖于这些修改过的文件的模块，同时重新链接生成可执行文件。Rebuild 是不管工程的文件有没有编译过，会对工程中所有文件重新进行编译生成可执行文件。因此可以根据需求进行选择。

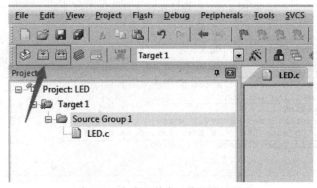

图 4.4　生成可执行文件按键图标

在编译之前，还要再介绍一个图标，如图4.5所示。该图标名称叫"options for target"，单击该图标，出现如图4.6界面，选择"Output"菜单选项，在"Create HEX File"前面的方格里勾选对号，生成Hex文件，也就是十六进制文件，因为单片机烧写只能识别Hex文件。选中后，再次单击Rebuild按键，在界面最下面的"Build Output"窗口就会出现如图4.7所示的信息。从这些信息里可以知道生成的Hex文件的位置，以及编写的程序是否有错误或警告，只有编译的程序没有错误和警告才可以生成Hex文件，所以如果出现报错和警告，一定要认真修改直至没有任何问题。

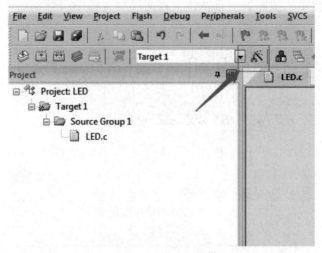

图4.5　目标选择

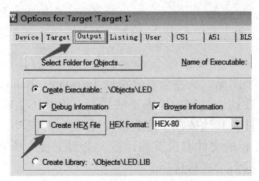

图4.6　生成可执行文件按键图标

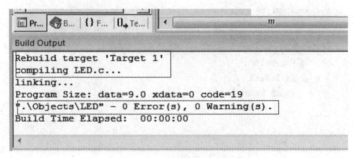

图4.7　编译输出界面

通过以上操作，再用 STC 的烧写工具，将生成的 Hex 文件烧写入单片机，就会看到 LED 灯点亮的效果。那如果要实现闪烁效果的程序应该怎么编写呢？所谓的闪烁，就是 LED 灯间隔一定时间的一亮和一灭，刚才我们实现了亮的效果，那如何实现灭的效果呢？根据二极管的特性，结合图 4.3 的接线情况，只要 LED 两端不存在压差，LED 灯就不会亮，所以可以通过编写程序给单片机 P2 赋值高电平信号。程序如下所示：

```
#include <reg52.h>
void main( )
{
P2 = 0;
P2 = 0xff;
}
```

但是编译该程序，烧入单片机会发现并没有如我们分析的那样 LED 灯闪烁起来，这是为什么呢？我们将在第二节进行详细的讲解。

## 第二节　延时函数及 LED 闪烁

### 一、Keil 软件程序调试

Keil 软件有仿真调试功能，按钮在如图 4.8 所指位置，单击该按钮进入调试界面，如图 4.9 所示。

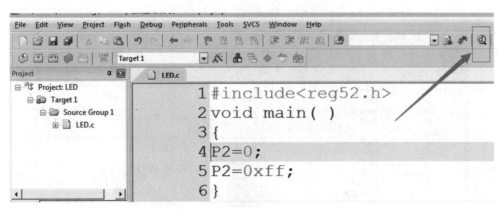

图 4.8　Start/Stop Debug Session 按钮

在如图 4.9 所示界面中，箭头所指两部分按钮的用法需要大家掌握，先了解①所示按钮，第一个按钮叫作复位按钮，第二个按钮是运行按钮，按钮的作用是按一下该按钮执行一行程序。按钮的作用是跳转到子函数执行程序。要想了解 LED 灯亮和灭两行程序各自的执行时间，按下单步执行，观察如图标号②所示时间变化，"sec"是时间秒的单位，目前所示时间是 0.000 194 5 s，该时间是加载头文件所花费的时间，执行单步

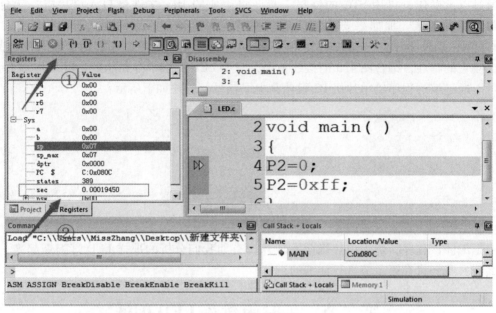

图 4.9 调试界面

运行之后,会发现时间变为 0.000 195 50 s,如图 4.10 所示。所以我们知道,一条赋值语句的时间只有 10 μs 左右,而 10 μs 时间的亮灭变化,一是变化太快,肉眼已经观察不出来它的变化,二是由于亮光在人眼内的视觉残留现象,短暂的灭被淹没在亮光之下,所以观察到的亮灭实验现象就只有常亮。如何解决这个问题呢?既然是亮和灭时间太短的原因,那就可以增加亮的时间和灭的时间,长到足够让人眼观察到,也就是延时的概念。

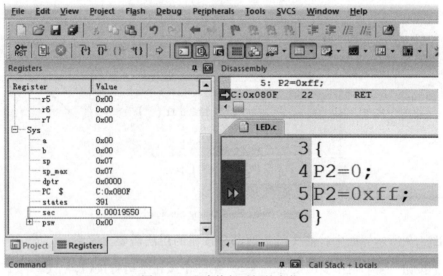

图 4.10 程序执行时间的变化

## 二、延时方法与实现

通过单片机驱动的外围显示设备,为了能够让人眼识别到所显示内容的变化,需要保证所显示内容有所停留。在单片机中,实现这一效果有两种方式,一种是通过 C 语言编写一段具有延时效果的程序或者子函数,实现该目的。另一种是调用单片机自带的定时/计数器(在第九章会重点讲解,在此不再多做讲解),本章重点介绍第一种方法。首先介绍可以起到延时作用的语句。

(一) 延时语句介绍

1. while ( ) 语句介绍

格式:while(表达式)
　　　{内部语句(内部可为空)}

特点:先判断表达式,后执行内部语句。

原则:若表达式不是 0,即为真,那么执行语句。否则跳出 while 语句,执行后面的语句。

应用 while 语句时,需要注意以下 3 点:

(1) 在 C 语言中一般把 "0" 认为是 "假",非 "0" 即为 "真",也就是说,只要不是 "0" 就是真,所以 1、2、3 等都是真。

(2) 内部语句可为空,就是说 while 后面的 { } 内什么都不写也是可以的,如 "while (1) { };" 既然 { } 内什么都没有,那么可以直接将 { } 也不写。再如 "while (1);" 中 ";" 一定不能少,否则 while ( ) 会把跟在它后面的第一个 ";" 前的语句认为是它的内部语句。

例如:while (1)
　　　　P1 = 123;
　　　　P2 = 121;
　　　　….

上面这个例子中,while ( ) 会把 "P1 = 123;" 当作它的语句,即使这条语句并没有加 { }。既然如此,那么我们以后在写程序时,如果 while ( ) 内部只有一条语句,就可以省去 { },而直接将这条语句跟在它的后面。

例如:while (1)
　　　　P1 = 123;

(3) 表达式可以是一个常数、一个运算或一个带返回值的函数。

有了上面的介绍,我们在程序的最后加上 "while (1);" 这样一条语句就可以让程序停止。因为该语句表达式值为 1,内部语句为空,执行时先判断表达式值,因为为真,所以什么也不执行,然后再判断表达式,仍然为真,又不执行,因为只有当表达式值为 0 时才可跳出 while ( ) 语句,所以程序将不停地执行这条语句。

2. for 语句介绍

格式:for (表达式 1; 表达式 2; 表达式 3)
　　　　{语句 (内部可为空)}

执行过程:

第 1 步,求解一次表达式 1。

第 2 步,求解表达式 2,若其值为真(非 0 即为真),则执行 for 中语句,然后执行第 3

步；否则结束 for 语句，直接跳出，不再执行第 3 步。

第 3 步，求解表达式 3。

第 4 步，跳到第 2 步重复执行。

需要注意的是，三个表达式之间必须用";"隔开。

```
例如:unsigned char i;
     for(i = 2;i > 0;i -- );
```

首先定义了一个无符号字符型变量 i；然后执行 for 语句，表达式 1 是给 i 赋一个初值 2，表达式 2 是判断 i 大于 0 是真还是假，表达式 3 是 i 自减 1，下面分析执行过程：

第 1 步，给 i 赋初值 2，此时 i = 2。

第 2 步，因为 2 > 0 条件成立，所以其值为真，那么执行一次 for 中的语句，因为 for 内部语句为空，即什么也不执行。

第 3 步，i 自减 1，即 i = 2 - 1 = 1。

第 4 步，跳到第 2 步，因为 1 > 0 条件成立，所以其值为真，那么执行一次 for 中的语句，因为 for 内部语句为空，即什么也不执行。

第 5 步，i 自减 1，即 i = 1 - 1 = 0。

第 6 步，跳到第 2 步，因为条件 0 > 0 条件不成立，所以其值为假，那么结束 for 语句，直接跳出。

通过以上 6 步，这个 for 语句就执行完了。单片机在执行 for 语句时需要时间，当 i 赋的值越大，它执行的时间就越长，因此可以利用单片机执行这个 for 语句的时间来作为一个简单的延时语句。那么若想用 for 语句写一个延时比较长的语句，大家可能会写成：

```
unsigned char i;
for(i = 2000;i > 0;i -- );
```

但会发现在此语句并不能达到延长时间效果，因为 i 是一个字符变量，它的最大值为 255，当给 i 赋的值比最大值都大时，编译器自然就出错误了，因此尤其要注意，每次给变量赋初值时，首先要考虑变量的类型，然后根据变量类型赋一个合理的值。如若需要，可以应用 for 语句的嵌套。

```
例如:unsigned char i,j;
     for(i = 100;i > 0;i -- )
         for(j = 200;j > 0;j -- );
```

这个例子是 for 语句的两层嵌套，请看，第一个 for 后面没有";"，那么编译器默认第二个 for 语句就是第一个 for 语句的内部语句，而第二个 for 语句内部语句为空，程序在执行时，第一个 for 语句中的 i 每减一次，第二个 for 语句便执行 200 次，因此上面的例子便相当于共执行了 100 × 200 次 for 语句。通过这样的嵌套可以写出比较长时间的延时语句，还可以进行 3 层、4 层嵌套来增加时间，或者改变变量类型，将变量初值再增大也可以增加执行时间。

（二）延时子函数

在 C 语言代码中，如果有一些语句会多次用到，而且语句内容相同，我们就可以将这样的一些语句写成一个子函数,当在主函数中需要用到这些语句时,直接调用这个子函数就可以了。

1. 不带参数函数的写法及调用

下面以 1 ms 延时函数为例,进行介绍。

```
void Delay1Ms()
{
    unsigned char j,n;
        n =1;
        while(n -- )     //i =1 即延时约 1 毫秒
            for(j =0;j <113;j ++ );
}
```

为什么当 $n=1$,$j<113$ 的时候,该子函数就是 1 ms 的延时子函数?这个问题,同学们可以通过上一节讲的单片机的调试来验证!

其中,void 表示这个函数执行完后不返回任何数据,即它是个无返回值的函数。Delay1Ms 是函数名,这个名字我们可以任意命名,但是注意不要和 C 语言中的关键字相同。另外,为了增加子函数的可读性,子函数的名字可以和功能有一定联系。Delay1Ms 是一个延时函数,紧跟函数名后面是一个括号,括号里面没有任何数据,因此这个函数是给一个无参数的函数。接下来两个大括号中包含着其他要实现的语句。以上讲解的是一个无返回值、无参数的函数的写法。

需要注意的是,子函数可以写在主函数的前面或者后面,但是不可以写在主函数里面。当写在后面时,必须要在主函数之前声明子函数。声明方法如下:将返回值特性、函数名及后面的小括号完全复制,若是无参数,则小括号内为空;若是有参函数,则需要在小括号里依次写上参数类型,只写参数类型,无须写参数,参数类型之间用逗号隔开,最后在小括号后面必须加上";"。当子函数写在主函数前面时,不需要声明,因为写函数体的同时就相当于声明了函数本身。通俗地讲,声明子函数的目的是编译器在编译主程序的时候,当它遇到一个子函数时知道有这样一个子函数存在,并且知道它的类型和带参情况等信息,以方便为这个子函数分配必要的存储空间。

在上面写的 1 ms 延时函数中,我们注意到"unsigned char i, j;"语句,$i$,$j$ 两个变量的定义放到了子函数里,而没有写在主函数的最外面。在主函数外面定义的变量叫全局变量;像这种定义在某个子函数内部的变量叫局部变量,这里的 $i$ 和 $j$ 就是局部变量。注意:局部变量只在当前函数中有效,程序一旦执行完当前子函数,在它内部定义的所有变量都将自动销毁,当下次再调用该函数时,编译器重新为其分配内存空间。我们要知道,在一个程序中,每个全局变量都占据着单片机内固定的 RAM,局部变量是使用时随机分配,不用时立即销毁。一个单片机的 RAM 是有限的,如 AT89C52 只有 256 B 的 RAM,如果要定义"unsigned int"型变量,最多定义 128 个,STC 单片机内部比较多,有 512 B 的,也有 1 280 B 的。很多时候,当写一个比较大的程序时,经常会遇到内存不够用的情况,因此我们从一开始写程序时就要坚持能节省 RAM 空间就要节省,能用局部变量时尽量不用全局变量的原则。

## 2. 带参数函数的写法及调用

我们在上一节中使用 Delay1Ms（） 子函数，$i=500$ 时延时 500 ms，那么如果要延时 300 ms 就需要在子函数里把 $i$ 再赋值为 300，要延时 100 ms 就得改 $i$ 为 100，这样做起来很麻烦，有了带参数的子函数就好办多了，写法如下：

```c
void Delay1Ms(unsigned int n)    此写法方便修改延时时间
{
  unsigned int j;
  while(n--)
    for(j=0;j<113;j++);         //子循环
}
```

上面代码中，Delay1Ms 后面括号中多了一句 "unsigned int n"，这就是这个函数所带的一个参数，n 是 unsigned int 变量，又叫这个函数的形参，在调用此函数时我们用一个具体真实的数据代替此形参，这个真实数据被称为实参。形参被实参代替之后，在子函数内部所有和形参名相同的变量将都被实参代替。声明时必须将参数类型带上，如果有多个参数，多个参数类型都要写上，类型后面可以不跟变量名，也可以写上变量名。

## （三）LED 的闪烁实现

根据上述的讲解，我们知道为什么之前的函数没有实现闪烁，那加入延时函数之后，程序如下所示：

```c
#include <reg52.h>                    //加载头文件
void Delay1Ms(unsigned int n);        //子函数声明
/***********主函数***********************************/
void main( )
{
P2 = 0;                               //LED 灯亮
Delay1Ms(500);                        //亮 500 ms
P2 = 0xff;                            //LED 灯灭
Delay1Ms(500);                        //灭 500 ms
}
/***********1 ms 延时子函数***************************/
void Delay1Ms(unsigned int n)    此写法方便修改延时时间
{
  unsigned int j;
  while(n--)
    for(j=0;j<113;j++);         //子循环
}
```

# 第三节　流水灯的实现

## 一、流水灯功能描述

流水灯是 LED 灯的一种典型应用，8 个灯依次点亮，先第一个灯亮，隔一定时间第二个灯亮的同时第一个灯熄灭，第三个灯亮的同时第二个灯熄灭，依次类推，周而复始。流水灯在单片机中的实现方式有多种，在这里介绍三种方式。

## 二、流水灯实现方式

### （一）方式 1——数组调用

1. 数组的定义和使用

在 C 语言中数组的声明很简单，其格式为："数据类型 数组名［数组长度］=｛数据1，数据2，…，数据n｝；"。例如，"int Tab［3］=｛1，2，3｝；"，初定义时，若能确定数组的各个元素，数组当然可以在声明的时候直接初始化，例如"int Tab［3］=｛1，2，3｝；"。若数组声明时还不能确定其数组元素，这时可以先声明一个数组，并赋值 0，例如"int Tab［3］=｛0｝；"。注意，若已经给数组赋了所有的初值，即数组的元素已经确定，这时数组的长度可以省略，例如，"int Tab［3］=｛1，2，3｝；"，数组的长度为3，此时的 3 可以省略不写。但是在单片机中使用 C 定义数据还要在数据类型和数据名之间加 code，例如"int code Tab［3］=｛1，2，3｝；"。关键词 code 的作用是将数组存于程序存储器中，去掉 code 是将数组存于数据存储器中，一般我们加入关键字 code，将数组存于程序存储器，因为单片机中数据存储器存储空间有限，要合理利用。

还需要注意一点：上面定义的数组有 8 个元素，但是数组的下标是从 0 开始到 7，这点一定要与实际生活习惯（一般从 1 开始计数）区别开。上面定义的是一维数组，还有二维数组等，留给同学们自己学习。

2. 数组的赋值

数组的使用要是只用下标法来存取，那就很简单了，例如上面的"int Tab［3］=｛1，2，3｝；"数组，直接可以将 Tab［0］、Tab［1］、Tab［2］当一个变量（或常量）赋值给想要换作的变量。例如 num = Tab［0］，经过这样的赋值操作之后，变量 num = 1。

3. 数据调用实现流水灯

我们先根据图 4.3 LED 灯的接线图，分析从第一个灯点亮到第八个灯亮，依次应该给 P2 口赋值的数据，分别是 0xfe、0xfd、0xfb、0xf7、0xef、0xdf、0xbf、0x7f。因为流水灯要循环运行，所以可以把以上数据定义一个数组，通过循环调用数据元素，实现循环流水。数组元素类型选择无符号字符型，元素名为 LedCode［］，根据对数据定义的讲解，该数组为"unsigned char LedCode［］=｛0xfe，0xfd，0xfb，0xf7，0xef，0xdf，0xbf，0x7f｝；"，可以用 for 语句实现循环，则通过数组调用实现从低位到高位循环移动流水灯程序为：

```c
#include <reg52.h>
unsigned char LedCode[ ] = {0xfe,0xfd,0xfb,0xf7,0xef,0xdf,0xbf,0x7f};
/**********1ms延时子函数************************/
void DelayMs(unsigned int n)
{
    unsigned char j;
    while(n--)
    {
        for(j=0;j<113;j++);
    }
}

/*************主函数********************************/
void main()
{
    unsigned char i;
    while(1)
    {
        for(i=0;i<8;i++)
        {
            P2=LedCode[i];
            DelayMs(500);
        }
    }
}
```

接下来思考一下，从高位到低位循环点亮的程序该怎么写呢？我们给出部分程序，由大家来完成通过数组调用实现从高位到低位循环移动流水灯程序。

```c
#include <reg52.h>
unsigned char LedCode[ ] = {0xfe,0xfd,0xfb,0xf7,0xef,0xdf,0xbf,0x7f};
/**************1ms延时函数*************************/
void DelayMs(unsigned int n)
{
    unsigned char j;
    while(n--)
    {
        for(j=0;j<113;j++);
    }
```

```
    }
/******************主函数***************************/
void main()
{
    unsigned char i;
    while(1)
    {
        for(_____;_____;_____)
        {
            P2 = LedCode[i];
            DelayMs(500);
        }
    }
}
```

实训操作题：实现从低位到高位，再从高位到低位的流水灯程序。

（二）方式2——左右移运算符实现

"＞＞"右移、"＜＜"左移和"～"取反运算符的用法：

下面以"＞＞"右移运算符为例，变量temp存放初值为一个字节的二进制数据1000 0000 B，进行右移运算。"temp = temp ＜＜ 1;"该语句的意思是，执行一次该语句，将temp里面的每位数据向右移动一位再重新赋值给temp，此时temp的值为0100 0000，空出的最高位补"0"。原理介绍到这里，具体实现程序，留给大家自己思考。

（三）方式3——循环左右移函数的调用

_crol_(c, b)函数为C51自带的库函数，在这里可以通过调用该函数实现流水灯的功能。_crol_(c, b)这个函数的意思是将字符c循环左移b位，这是C51库自带的内部函数，在使用这个函数之前，需要在文件中包含它所在的头文件。再看后面的Return Value（返回值）：_crol_(c, b)，这个函数返回的是将c循环左移之后的值。同时可以查看_cror_(c, b)等函数的使用方法，实现LED7～LED0反序流水灯实验，甚至是任意位置的流水变换，留待自己思索。下面给出循环左移程序：

```
#include <reg52.h>
#include "intrins.h"
/***************1 ms延时函数*******************************/
void delayms(unsigned int n)        //1 ms延时子函数
{
    unsigned char i;
    while(n--)
        for(i = 0;i < 113;i ++);
```

```
}
/******************主函数*****************************/
void main()           //主函数:实现LED0~LED7的循环移位显示流水灯的效果
{
    unsigned char aa;
    aa = 0xfe;
    while(1)
    {
        P0 = aa;
        delayms(500);
        aa = _crol_ (aa, 1);       //循环左移延时函数,将aa循环左移一位后再赋
                                   给aa
    }
}
```

## 本 章 小 结

本章主要讲了 LED 结构、LED 点亮原理及 LED 不同亮灭效果的实现方式,在这个过程中又引入了延时的概念,以及延时时间的确定。需要大家掌握数组的用法、逻辑运算符的用法,学会通过 Keil 软件调试出合适的延时时间,编写有自己风格的延时函数,并掌握延时的 while 语句、for 语句的用法,学会灵活应用该语句实现不同的功能和目的。

● 练习题

1. 用循环左/右移运算符实现流水灯的双向循环。
2. 用数组调用方法实现流水灯的双向循环。
3. 用调用循环移动函数的方法实现流水灯的双向循环。

# 第五章 数码管显示程序设计及实践

### 学习目标

1. 了解数码管显示的基本概念
2. 理解 LED 数码管的结构及工作原理
3. 掌握数码管的静态显示和动态显示

## 第一节 数码管显示原理

在单片机系统中，通常用 LED 数码显示器来显示各种数字或符号。由于它具有显示清晰、亮度高、使用电压低、寿命长的特点，因此使用非常广泛。图 5.1 所示是让右起第一位数码管亮，并显示数字 4。接下来要学习的就是实现图片上的效果，该怎么做呢？在这里，要思考两个问题，第一个问题，怎么实现哪一位数码管亮，哪一位不亮？第二个问题，显示数字是怎么来的？要解决这两个问题，我们首先要了解数码管的内部结构，如图 5.2 所示。

图 5.1 数码管右起第一位显示数字 4

数码管内部是由 7 个条形的发光二极管和右下方一个圆形的发光二极管组成，这样一共有 8 段线。根据显示需要，有选择性地让对应的发光二极管发光，就能实现不同的显示效果，例如让控制数码管的 b 段、c 段、f 段、g 段的发光二极管亮，就能实现显示数字 4 的目的。那这些数码管底层的发光二极管又是怎么接线的呢？如图 5.3 和图 5.4 所示，数码管按内部连接方式分为共阴极数码管和共阳极数码管两种。

由二极管的单向导电性我们知道,当二极管阳极的电压大于阴极的电压的时候,二极管就会导通。共阴极数码管是将所有发光二极管的阴极接在一起作为公共端 COM,当公共端接低电平时,某一段阳极上的电平为"1"时,该段点亮,电平为"0"时,该段熄灭。这时,如果想让数码管显示数字 4,只需要给 COM 低电平"0",控制 a、b、c、d、e、f、g、dp 八段的引脚电平值依次为 01100110,这样能组合成数字 4 的 b 段、c 段、f 段、g 段就会发光;共阳极数码管是将所有发光二极管的阳极接在一起作为公共端 COM,当公共端接高电平时,某一段阴极上的电平为"0"

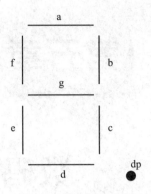

图 5.2　数码管结构图

时,该段点亮,电平为"1"时,该段熄灭。这时,如果想让数码管显示数字 4,只需要给 COM 高电平"1",控制 a、b、c、d、e、f、g、dp 八段的引脚电平值依次为 10011001,这样能组合成数字 4 的 b 段、c 段、f 段、g 段就会发光。在表 5.1 和表 5.2 中,给出了共阴极和共阳极数码管显示数字、字符对应的二进制数和十六进制数,供大家参考。在这里给大家留一个观察题,从以下两个表格中的数据同学们能发现共阴极和共阳极之间段选数据的关系吗?

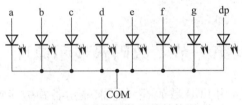

图 5.3　共阴极数码管结构图

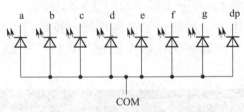

图 5.4　共阳极数码管结构图

表 5.1　共阴极数码管字符表

| 显示内容 | dp | g | f | e | d | c | b | a | 二进制 | 十六进制 |
|---|---|---|---|---|---|---|---|---|---|---|
| 0 | 0 | 0 | 1 | 1 | 1 | 1 | 1 | 1 | 00111111 | 0x3F |
| 1 | 0 | 0 | 0 | 0 | 0 | 1 | 1 | 0 | 00000110 | 0x06 |
| 2 | 0 | 1 | 0 | 1 | 1 | 0 | 1 | 1 | 01011011 | 0x5B |
| 3 | 0 | 1 | 0 | 0 | 1 | 1 | 1 | 1 | 01001111 | 0x4F |
| 4 | 0 | 1 | 1 | 0 | 0 | 1 | 1 | 0 | 01100110 | 0x66 |
| 5 | 0 | 1 | 1 | 0 | 1 | 1 | 0 | 1 | 01101101 | 0x6D |

续表

| 显示内容 | dp | g | f | e | d | c | b | a | 二进制 | 十六进制 |
|---|---|---|---|---|---|---|---|---|---|---|
| 6 | 0 | 1 | 1 | 1 | 1 | 1 | 0 | 1 | 01111101 | 0x7D |
| 7 | 0 | 0 | 0 | 0 | 0 | 1 | 1 | 1 | 00000111 | 0x07 |
| 8 | 0 | 1 | 1 | 1 | 1 | 1 | 1 | 1 | 01111111 | 0x7F |
| 9 | 0 | 1 | 1 | 0 | 1 | 1 | 1 | 1 | 01101111 | 0x6F |
| A | 0 | 1 | 1 | 1 | 0 | 1 | 1 | 1 | 01110111 | 0x77 |
| B | 0 | 1 | 1 | 1 | 1 | 1 | 0 | 0 | 01111100 | 0x7C |
| C | 0 | 0 | 1 | 1 | 1 | 0 | 0 | 1 | 00111001 | 0x39 |
| D | 0 | 1 | 0 | 1 | 1 | 1 | 1 | 0 | 01011110 | 0x5E |
| E | 0 | 1 | 1 | 1 | 1 | 0 | 0 | 1 | 01111001 | 0x79 |
| F | 0 | 1 | 1 | 1 | 0 | 0 | 0 | 1 | 01110001 | 0x71 |
| 不显示 | 0 | 0 | 0 | 0 | 0 | 0 | 0 | 0 | 00000000 | 0x00 |

表5.2 共阳极数码管的字型代码表

| 显示内容 | dp | g | f | e | d | c | b | a | 二进制 | 十六进制 |
|---|---|---|---|---|---|---|---|---|---|---|
| 0 | 1 | 1 | 0 | 0 | 0 | 0 | 0 | 0 | 11000000 | 0xC0 |
| 1 | 1 | 1 | 1 | 1 | 1 | 0 | 0 | 1 | 11111001 | 0xF9 |
| 2 | 1 | 0 | 1 | 0 | 0 | 1 | 0 | 0 | 10100100 | 0xA4 |
| 3 | 1 | 0 | 1 | 1 | 0 | 0 | 0 | 0 | 10110000 | 0xB0 |
| 4 | 1 | 0 | 0 | 1 | 1 | 0 | 0 | 1 | 10011001 | 0x99 |
| 5 | 1 | 0 | 0 | 1 | 0 | 0 | 1 | 0 | 10010010 | 0x92 |
| 6 | 1 | 0 | 0 | 0 | 0 | 0 | 1 | 0 | 10000010 | 0x82 |
| 7 | 1 | 1 | 1 | 1 | 1 | 0 | 0 | 0 | 11111000 | 0xF8 |
| 8 | 1 | 0 | 0 | 0 | 0 | 0 | 0 | 0 | 10000000 | 0x80 |
| 9 | 1 | 0 | 0 | 1 | 0 | 0 | 0 | 0 | 10010000 | 0x90 |
| A | 1 | 0 | 0 | 0 | 1 | 0 | 0 | 0 | 10001000 | 0x88 |
| B | 1 | 0 | 0 | 0 | 0 | 0 | 1 | 1 | 10000011 | 0x83 |
| C | 1 | 1 | 0 | 0 | 0 | 1 | 1 | 0 | 11000110 | 0xC6 |
| D | 1 | 0 | 1 | 0 | 0 | 0 | 0 | 1 | 10100001 | 0xA1 |
| E | 1 | 0 | 0 | 0 | 0 | 1 | 1 | 0 | 10000110 | 0x86 |
| F | 1 | 0 | 0 | 0 | 1 | 1 | 1 | 0 | 10001110 | 0x8E |
| 不显示 | 1 | 1 | 1 | 1 | 1 | 1 | 1 | 1 | 11111111 | 0xFF |

以上已经解决了显示的数字怎么来的这个问题。接下来看一下四位数码管内部的接线图，以共阴极的为例，如图 5.5 所示，从图中可以看出，4 个数码管的段选端口是并联在一起的，而公共端 COM 口是独立的，也就是说，公共端口的电平信号起到决定性的作用，决定到底是哪位数码管亮，因此公共端也被称为位选端口。讲到这里，最开始提出的两个问题也就解释清楚了。数码管哪一位显示，是由公共端口，也叫作位选端口来决定的；数码管显示什么内容，是由段选端口决定的。

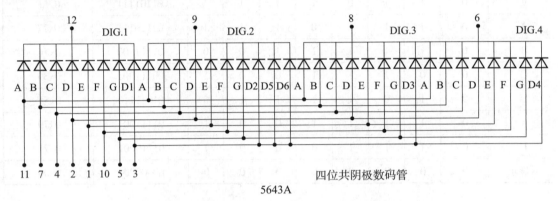

图 5.5　四位共阴极数码管内部结构图

四位共阳极数码管内部结构图如图 5.6 所示。

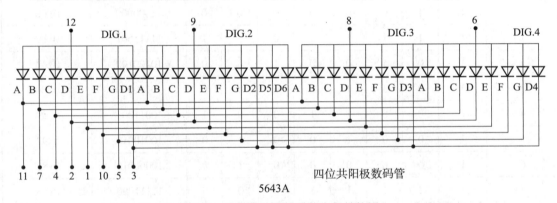

图 5.6　四位共阳极数码管内部结构图

## 第二节　数码管静态显示程序设计及实践

本节主要学习通过程序编程，在开发板上实现如图 5.1 所示的效果。首先，先来了解一下开发板上数码管的原理图，以及和单片机的接线情况，如图 5.7 所示。

开发板上一共有 8 个数码管，段选端口接在单片机的 P0 口。位选端口接在单片机的 P2 口，并且位选端口和单片机端口之间接了三极管，在这里，主要用到了三极管的开关特性，由于图上三极管的发射极接电源，基极接单片机的 P2 口，要想三极管导通，对应的数码管工作，P2 口需要赋值低电平信号。关于三极管的相关知识，同学们可以通过章节后面的知识点回顾内容进行复习。

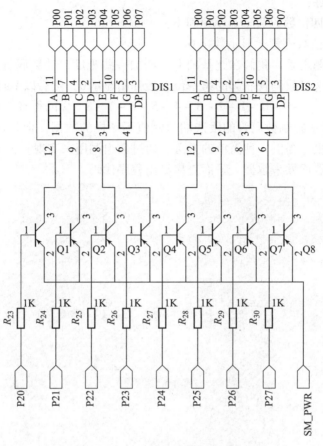

图 5.7　数码管显示控制原理图

下面通过编写程序实现图 5.1 的效果。

**例题 1**：实现在右起第一位数码管上显示数字 4。

程序代码如下：

```
#include <reg52.h>        //加载头文件
/**************主函数********************/
void main()
{
    while(1)
    {
        P2 = 0xfe;        //数码管位选,选中第一位数码管
        P0 = 0x99;        //数码管段选,显示数字4
    }
}
```

将以上程序写入工程中，编译生成".hex"文件，烧入单片机，就能够实现如图 5.1 所示的效果。通过以上讲解和练习，相信读者已经掌握该如何让不同位数码管显示，并显示不一样的数字或字符。

**举一反三练一练:**
(1) 实现在第四位数码管上显示字符 b。
(2) 实现在八位数码管上显示数字 6。

完成上面练习题之后,我们在此基础上,增加一些难度,让数码管显示的数字动起来,数码管的位选还是选择数码管右起的第一位,最开始显示 0,然后以 1 s 的间隔,依次是 1 - 2 - 3 - 4 - 5 - 6 - 7 - 8 - 9 - 0 - 1 - 2 - 3 - 4 - 5 - 6 - 7 - 8 - 9 的循环。按照最简单的思路,可以每 1 s,给单片机控制数码管的段选端口赋值不一样的数据,但是这样程序太长,可读性降低,所以在这里,提供一种简单的方法,通过数组调用来实现。关于数组的用法,可以看本章节后的知识点回顾来掌握。下面直接给出程序代码。

```c
#include<reg52.h>         //加载头文件
unsigned char code SegCode[] = {0xc0,0xf9,0xa4,0xb0,0x99,0x92,0x82,
0xf8,0x80,0x90};    //共阳极 0~9 码型
/************1 ms 延时子函数****************************/
void DelayMs(unsigned int n)
{
    unsigned char i;
    while(n --)
    {
        for(i = 0;i < 113;i ++);
    }
}
/*************主函数***************************/
void main()
{
    unsigned char sum;     //定义无符号变量 sum
    while(1)
    {
        P2 = 0xfe;               //数码管位选,选中右起第一位
        P0 = SegCode[sum ++];    //数码管段选,间隔 1 s 调用数组元素赋值给数
                                 // 码管
        if(sum == 10)
            sum = 0;
        DelayMs(1000)            //调用 1 ms 延时函数,实现间隔 1 s
    }
}
```

**举一反三练一练:**
(1) 实现在右起第一位数码管上,间隔 1 s 显示数字 9~0 的循环。
(2) 实现在八位数码管上,间隔 1 s 显示数字 0~9~0 的循环。

## 第三节　数码管动态显示程序设计及实践

在上一节中不管是例题还是练习题中，我们强调显示的效果都是在同一位或者多位数码管上，相同时间显示同样的数字或字符，但是日常生活中，更多见的是如图5.8所示的显示效果。这种显示，称为动态显示。动态显示是一种最常见的多位显示方法，应用非常广泛。

根据前两节的内容我们知道，数码管显示主要分为两步，第一步确定哪一位亮，第二步确定显示的内容。同样，对于图5.8的显示效果也可以进行如上两个问题的分析。首先，应该位选选中右起第一位数码管，发送段选显示2的数。但是在这有一个问题，明明看到的12是一个静止的数字，为什么我们会把这种不同位显示不同数字或字符的形式称为动态显示呢？在这一节中，将给大家进行分析讲解。

图5.8　数码管动态显示12

对于图5.8的显示效果可以进行如上两个问题的分析。首先，应该位选选中右起第一位数码管，发送段选显示2的数据；然后，再位选选中右起第二位数码管，发送段选显示1的数据。程序如下所示：

```
#include<reg52.h>          //加载头文件
/*************1 ms 延时子函数******************************/

void DelayMs(unsigned int n)
{
    unsigned char i;
    while(n--)
    {
        for(i=0;i<113;i++);
    }
}

/*************主函数******************************/
void main()
{
    while(1)
    {
        P2=0xfe;            //数码管位选,选中右起第一位
```

```
        P0 = 0xa4;          //数码管段选,显示数字2
        DelayMs(1);
        P2 = 0xfd;          //数码管位选,选中右起第二位
        P0 = 0xf9;          //数码管段选,显示数字1
        DelayMs(1);
    }
}
```

通过第四章LED灯的闪烁我们知道,赋值语句执行所花费的时间在10 μs左右,为了能够让肉眼观察到灯亮灭的变化,需要加入一定的延时时间,以便肉眼能够观察到。而上面显示程序中每位数码管显示数字所花费的时间是1 ms,观察到的实验现象是静止的12,如果我们将这个时间逐渐加长,分别500 ms、1 s来看一下数码管显示的变化,从实验现象能够发现,1和2的显示不再是一个静止的状态,而变成动态切换的状态。这也是我们把这种显示称为动态显示的根本原因。所谓动态扫描,是指采用分时的方法,轮流控制各个显示器的位选端口,使各个数码管轮流点亮。在轮流点亮扫描过程中,每位数码管的点亮时间是极为短暂的(约1 ms),但由于人的视觉暂留现象及发光二极管的余辉效应,尽管实际上各位显示器并非同时点亮,但只要扫描的速度足够快,给人的印象就是一组稳定的显示数据,不会有闪烁感。

接下来,我们实现在八位数码管上从左至右显示数字1、2、3、4、5、6、7、8。同样,我们推荐大家使用数组调用的方式来实现。并给出部分程序代码。

```
#include <reg52.h>              //加载头文件
unsigned char code SegCode[] = {0xf9,0xa4,0xb0,0x99,0x92,0x82,0xf8,0x80};
//段选数据共阳极1~8
unsigned char code BitCode[] = {                                        };
//数码管8位位选数据
/*************1 ms延时子函数******************************/

void DelayMs(unsigned int n)
{
    unsigned char i;
    while(n--)
    {
        for(i = 0;i < 113;i ++);
    }
}
/************************************************************/
/************主函数*****************************************/
```

```c
void main()
{
    unsigned char sum;
    while(1)
    {
        P2 = BitCode[   ];      //数码管位选,选中右起第一位
        P0 = SegCode[   ];      //数码管段选,显示数字2
        DelayMs(1);
    }
}
/******************************************************/
```

## 本 章 小 结

本章主要讲了数码管、数码管结构及数码管的显示原理,在了解了显示原理之后,又在显示原理的基础上,引入了数码管两种不同的显示方式:静态显示和动态显示。需要大家掌握数码管的显示原理,位选和段选各自的意义和实现方式;掌握静态显示和动态显示的实现方式,并能通过程序编写实现不同的显示效果,做到灵活应用。

● 练习题

1. 单片机上电之后8位数码管间隔1 s循环显示0~9~0。
2. 单片机上电后8位数码管显示1、2、3、4、5、6、7、8。
3. 制作0~59秒表。

# 第六章 字符型 LCD 液晶显示程序设计及实践

### 学习目标

1. 了解 LCD 液晶显示的外形及引脚
2. 理解 LCD 模块的命令
3. 掌握通过 C 语言编程实现对 LCD 液晶显示屏的控制

## 第一节　LCD1602 显示原理介绍

第五章学习了数码管，知道数码管之所以能够显示数字或者字符是由于发光二极管发光的原因，本章节要学习的 LCD 液晶的显示原理和数码管有什么样的区别呢？液晶显示的原理是利用液晶的物理特性，通过电压对其显示区域进行控制，有电就有显示，这样就可以显示出图形。字符型液晶显示模块是一种专门用于显示字母、数字、符号等点阵式 LCD，目前常用 16 字 ×1 行、16 字 ×2 行、20 字 ×2 行和 40 字 ×2 行等模块。本章以长沙太阳人电子有限公司的 1602 字符型液晶显示器为例，介绍其用法。1602 的意思是一行能显示 16 字符，一共有两行。每个字符是由 6×8 或 8×8 点阵组成，一般 1602 字符型液晶显示器实物如图 6.1 所示。

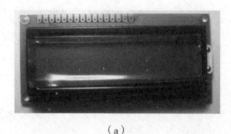
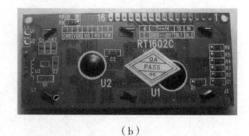

(a)　　　　　　　　　　　　　　　　(b)

图 6.1　LCD1602 的外观

(a) 正面；(b) 反面

本章内容的学习，依然延续学习数码管时的方法。如图 6.2 所示，要想实现图中的显示效果，该怎么做呢？

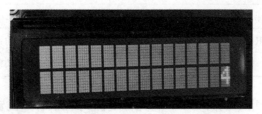

图 6.2　LCD1602 的第二行最右一格显示 4

和数码管一样，我们要做的也是两件事情，第一，怎么确定显示位置；第二，怎么给出显示的内容。LCD1602 接收到的数据，有两种不同的作用，一种称为指令数据，指令数据的其中一个用法就是能够确定显示的位置；另一种叫作显示数据，显示数据顾名思义就是用来最终在 LCD1602 上显示出来的内容。接下来就先看一下指令数据，也就是解决第一个问题——显示位置该如何确定。要显示字符时要先输入显示字符地址，也就是告诉模块在哪里显示字符，图 6.3 是 1602 的内部显示地址。

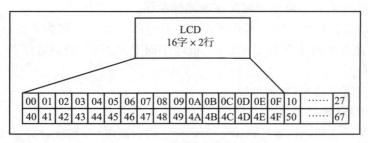

图 6.3　1602 的内部显示地址

例如第二行最后一个字符的地址是 4FH，那么是否直接写入 40H 就可以将光标定位在第二行第一个字符的位置呢？这样不行，LCD1602 对指令格式有严格要求，对显示位置确定的指令见表 6.1 的指令 8，因为写入显示地址时要求最高位 D7 恒定为高电平"1"，所以实际写入的数据应该是 01000000B（40H）＋ 10000000B（80H）＝ 11000000B（C0H）。LCD1602 对其他每种指令的作用和格式要求具体见表 6.1。

表 6.1　LCD1602 命令类型和格式要求

| 序号 | 指令 | D7 | D6 | D5 | D4 | D3 | D2 | D1 | D0 |
|---|---|---|---|---|---|---|---|---|---|
| 1 | 清显示屏 | 0 | 0 | 0 | 0 | 0 | 0 | 0 | 1 |
| 2 | 光标返回 | 0 | 0 | 0 | 0 | 0 | 0 | 1 | * |
| 3 | 设置输入模式 | 0 | 0 | 0 | 0 | 0 | 1 | I/D | S |
| 4 | 显示开/关控制 | 0 | 0 | 0 | 0 | 1 | D | C | B |
| 5 | 光标或显示移位 | 0 | 0 | 0 | 1 | S/C | R/L | * | * |
| 6 | 设置功能 | 0 | 0 | 1 | DL | N | F | * | * |
| 7 | 设置字符发生存储器地址 | 0 | 1 | 字符发生存储器地址 | | | | | |
| 8 | 设置数据存储器地址 | 1 | 显示数据存储器地址 | | | | | | |

续表

| 序号 | 指令 | D7 | D6 | D5 | D4 | D3 | D2 | D1 | D0 |
|---|---|---|---|---|---|---|---|---|---|
| 9 | 读忙标志或地址 | BF | 计数器地址 | | | | | | |
| 10 | 写数到 CGRAM 或 DDRAM | 要写的数据内容 | | | | | | | |
| 11 | 从 CGRAM 或 DDRAM 读数 | 读出的数据内容 | | | | | | | |

指令1：清显示屏，指令码为01H，将光标复位到地址00H位置。

指令2：光标复位，将光标返回到地址00H。

指令3：光标和显示模式设置。I/D：光标移动方向，高电平时右移，低电平时左移；S：屏幕上所有文字是否左移或者右移。高电平表示有效，低电平则表示无效。

指令4：显示开/关控制。D：控制整体显示的开与关，高电平表示开显示，低电平表示关显示；C：控制光标的开与关，高电平表示有光标，低电平表示无光标；B：控制光标是否闪烁，高电平闪烁，低电平不闪烁。

指令5：光标或显示移位。S/C：高电平时移动显示的文字，低电平时移动光标。R/L：高电平时文字或光标右移，低电平时文字或光标左移。

指令6：功能设置命令。DL：低电平时为4位总线，高电平时为8位总线；N：低电平时为单行显示，高电平时为双行显示；F：低电平时显示5×7的点阵字符，高电平时显示5×10的点阵字符。

指令7：字符发生器RAM地址设置。

指令8：DDRAM地址设置。

指令9：读忙标志和光标地址。BF：为忙标志位，高电平时表示忙，此时模块不能接收命令或者数据，如果为低电平则表示不忙。

指令10：写数据。

指令11：读数据。

其中指令1~5被称为LCD初始化指令，在每次使用显示屏之前，都要对其进行初始化设置。一般初始化内容为以下四点：

（1）清屏。

（2）功能设置。

（3）显示与不显示设置。

（4）输入模式设置。

由前面的内容我们知道，LCD1602接收的数据其实有两种不同的作用，这两种作用LCD1602又是如何区别的呢？接下来，就要学习LCD1602的控制引脚，首先介绍其中很重要的三个控制引脚R/W、RS、EN。RW是读/写选择控制端，当R/W设置为高电平"1"的时候，表示通过单片机向LCD1602里面写入数据，当R/W设置为低电平"0"的时候，表示从LCD1602里面向外读取数据；RS是数据/命令选择控制端，当RS设置为高电平"1"的时候，LCD1602数据端口发送或接收的数据为数据，当RS设置为低电平"9"的时候，LCD1602数据端口发送或接收的数据为命令；EN是使能信号控制端，是用来确保1602处于工作状态。通过设置不同的控制引脚状态，就能获得不同的功能。LCD1602有八根双向数据端口，目前我们主要学习通过单片机向LCD1602发送数据，因此对以上三个引脚的设置如表 6.2 所示。

表 6.2　LCD1602 控制引脚的设置

| 读状态 | 输入 | RS = L，R/W = H，EN = H | 输出 | D0 ~ D7 为状态字 |
|---|---|---|---|---|
| 写指令 | 输入 | RS = L，R/W = L，D0 ~ D7 为指令码，EN = 高脉冲 | 输出 | 无 |
| 读数据 | 输入 | RS = H，R/W = H，EN = H | 输出 | D0 ~ D7 为数据 |
| 写数据 | 输入 | RS = H，R/W = L，D0 ~ D7 为数据，EN = 高脉冲 | 输出 | 无 |

另外，由于 LCD1602 的特殊性，在进行数据发送过程中，还要考虑写操作的时序，具体时序图如图 6.4 所示。单片机向 LCD1602 写指令，RS 和 R/W 引脚设置高电平 "1"，同时保持一定延时时间 $t_{SP1}$，然后使能信号置 "1"，使能信号置 "1" 也要保持 $t_{PW}$ 时间，以便 LCD1602 能够完整接收到单片机传输来的数据。为了保证下次也能有效使能，延时之后，要将 EN 重新置 "0"，因此，可以给出单片机向 LCD1602 写指令的程序。写指令程序如下：

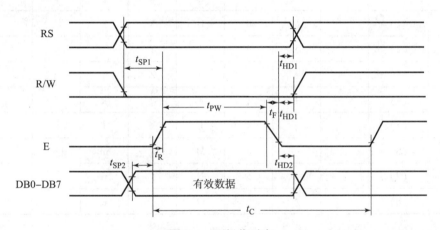

图 6.4　写操作时序

```
RS = 1;              //表示单片机发送来的是指令数据
RW = 0;              //表示数据传输方向是单片机向 LCD1602 写数据
DelayMs(1);          //延时
EN = 1;              //使能有效
P0 = 0xc0;           //确定 LCD1602 第二行第一位显示的地址
DelayMs(5);          //延时
EN = 0;              //关使能端
```

接下来，解决第二个问题——显示内容的来源。LCD1602 液晶模块内部的字符发生存储器（CGROM）已经存储了 160 个不同的点阵字符图形，如表 6.3 所示，这些字符有：阿拉伯数字、英文字母的大小写、常用的符号和日文假名等，每一个字符都有一个固定的代码，比如数字 "4" 的代码是 00110100B（34H），显示时模块把地址 34H 中的点阵字符图形显示出来，我们就能看到数字 "4"。同样我们给出写显示数据的程序。写显示数据的程序如下：

表 6.3　常用字符代码与图形对应表

| 高位<br>低位 | 0000 | 0001 | 0010 | 0011 | 0100 | 0101 | 0110 | 0111 | 1000 | 1001 |
|---|---|---|---|---|---|---|---|---|---|---|
| 0000 | CGRAM(1) |  |  | 0 | @ | P | \ | p |  |  |
| 0001 | (2) |  | ! | 1 | A | Q | a | q |  |  |
| 0010 | (3) |  | " | 2 | B | R | b | r |  |  |
| 0011 | (4) |  | # | 3 | C | S | c | s |  |  |
| 0100 | (5) |  | $ | 4 | D | T | d | t |  |  |
| 0101 | (6) |  | % | 5 | E | U | e | u |  |  |
| 0110 | (7) |  | & | 6 | F | V | f | v |  |  |
| 0111 | (8) |  | ' | 7 | G | W | g | w |  |  |
| 1000 | (1) |  | ( | 8 | H | X | h | x |  |  |
| 1001 | (2) |  | ) | 9 | I | Y | i | y |  |  |
| 1010 | (3) |  | * | : | J | Z | j | z |  |  |
| 1011 | (4) |  | + | ; | K | [ | k | { |  |  |
| 1100 | (5) |  | , | < | L | ¥ | l | \| |  |  |
| 1101 | (6) |  | - | = | M | ] | m | } |  |  |
| 1110 | (7) |  | . | > | N | ^ | n | → |  |  |
| 1111 | (8) |  | / | ? | O | _ | o | ← |  |  |

```
RS=0;          //表示单片机发送来的是显示数据
RW=0;          //表示数据传输方向是单片机向LCD1602写数据
DelayMs(1);    //延时
EN=1;          //使能有效
P0=0x34;       //确定LCD1602第二行第一位显示"4"
DelayMs(5);    //延时
EN=0;          //关使能端
```

最后我们给出 LCD1602 的其余引脚的详细介绍，见表 6.4。

表 6.4　引脚接口说明表

| 编号 | 符号 | 引脚说明 | 编号 | 符号 | 引脚说明 |
|---|---|---|---|---|---|
| 1 | $V_{SS}$ | 电源地 | 9 | DB2 | 数据 |
| 2 | $V_{DD}$ | 电源正极 | 10 | DB3 | 数据 |
| 3 | $V_0$ | 液晶显示偏压 | 11 | DB4 | 数据 |

续表

| 编号 | 符号 | 引脚说明 | 编号 | 符号 | 引脚说明 |
|---|---|---|---|---|---|
| 4 | RS | 数据/命令选择 | 12 | DB5 | 数据 |
| 5 | R/W | 读/写选择 | 13 | DB6 | 数据 |
| 6 | EN | 使能信号 | 14 | DB7 | 数据 |
| 7 | DB0 | 数据 | 15 | BLA | 背光源正极 |
| 8 | DB1 | 数据 | 16 | BLK | 背光源负极 |

## 第二节　LCD1602 显示程序设计及实践

开发板上 LCD1602 液晶显示模块可以和单片机 STC89C51 直接接口，电路如图 6.5 所示。

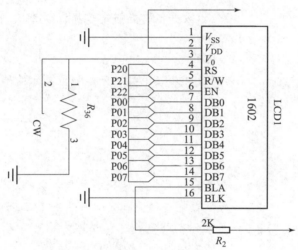

图 6.5　硬件原理图

LCD1602 的三个控制引脚 RS、R/W、EN 分别接在单片机的 P2.0、P2.1、P2.2 引脚。8 位双向数据端口接在单片机的 P0 口。了解原理图之后，下面通过写一段程序来实现图 6.2 的功能。

**例题 1**：在 LCD1602 的第二行最后一位显示数字 4。

```
#include <reg52.h>              //加载头文件
sbit RS = P2^0;                 //数据命令选择位声明
sbit RW = P2^1;                 //读写选择位声明
sbit EN = P2^2;                 //使能位声明
/******* ******1 ms 延时子函数********************************/
void DelayMs(unsigned int n)
{
```

```c
    unsigned char i;
    while(n--)
    {
        for(i=0;i<113;i++);
    }
}
/*********************************************************/
/******* ********** 主函数 ***************************/
void main()
{
    while(1)
    {
        //写指令
        RS=1;              //表示单片机发送来的是指令数据
        RW=0;              //表示数据传输方向是单片机向LCD1602写数据
        DelayMs(1);        //延时
        EN=1;              //使能有效
        P0=0xc0;           //确定LCD1602第二行第一位显示的地址
        DelayMs(5);        //延时
        EN=0;              //关使能端

        //写数据程序
        RS=0;              //表示单片机发送来的是显示数据
        RW=0;              //表示数据传输方向是单片机向LCD1602写数据
        DelayMs(1);        //延时
        EN=1;              //使能有效
        P0=0x34;           //确定LCD1602第二行第一位显示的数字"4"
        DelayMs(5);        //延时
        EN=0;              //关使能端
    }
}
/*********************************************************/
```

**举一反三练一练：**

任意更换显示位置，在LCD1602上显示任意数字。

如果在以上练习的基础上，加入屏幕初始化的内容，程序该怎么写呢？多次复制粘贴写指令程序吗？当然不是，可以用更巧妙的方法实现，即通过子函数的调用实现。关于子函数的相关知识，读者可查看单元章节后面的知识点回顾！我们可以创建一个写指令的子函数和写数据的子函数，如下所示：

```
/****************** 写指令子函数 ******************************/
void Wcmd(unsigned char cmd)
{
    RS =1;          //表示单片机发送来的是指令数据
    RW =0;          //表示数据传输方向是单片机向 LCD1602 写数据
    DelayMs(1);     //延时
    EN =1;          //使能有效
    P0 = cmd;       //用变量 cmd 表示每次发送的不同指令
    DelayMs(5);     //延时
    EN =0;          //关使能端
}
/******************************************************************/
/****************** 写数据子函数 ******************************/
void Wdat(unsigned char dat)
{
    RS =0;          //表示单片机发送来的是数据
    RW =0;          //表示数据传输方向是单片机向 LCD1602 写数据
    DelayMs(1);     //延时
    EN =1;          //使能有效
    P0 = dat;       //用变量 dat 表示每次发送的不同指令
    DelayMs(5);     //延时
    EN =0;          //关使能端
}
/******************************************************************/
初始化的四个步骤也单独编写一个初始化子程序：
/****************** 初始化子函数 ******************************/
void LCD_init ()
{
    Wcmd (0x06);    //每写入一个数据字节后，光标的移动方向右移一格，且地
                    //  址计数器加1
    Wcmd (0x38);    //设置为8位数据接口，双行显示，显示5×7点阵
    Wcmd (0x0c);    //设置为开显示，有光标，光标不闪烁
    Wcmd (0x01);    //清屏指令
}
/******************************************************************/
```

这样对于例题1我们加入初始化子函数之后，程序就变成如下的样子了，不仅层析清晰，结构紧凑，也有很强的可读性。

例题1加入初始化子函数后的程序：

```c
#include <reg52.h>              //加载头文件
sbit RS = P2^0;      //数据命令选择位声明
sbit RW = P2^1;      //读写选择位声明
sbit EN = P2^2;      //使能位声明
/*************1 ms 延时子函数***************************/
void DelayMs(unsigned int n)
{
    unsigned char i;
    while(n--)
    {
        for(i=0;i<113;i++);
    }
}

/************************************************************/
/*****************写指令子函数*******************************/
void Wcmd(unsigned char cmd)
{
    RS =1;          //表示单片机发送来的是指令数据
    RW =0;          //表示数据传输方向是单片机向 LCD1602 写数据
    DelayMs(1);     //延时
    EN =1;          //使能有效
    P0 = cmd;       //用变量 cmd 表示每次发送的不同指令
    DelayMs(5);     //延时
    EN =0;          //关使能端
}

/************************************************************/
/*****************写数据子函数*******************************/
void Wdat(unsigned char dat)
{
    RS =0;          //表示单片机发送来的是数据
    RW =0;          //表示数据传输方向是单片机向 LCD1602 写数据
    DelayMs(1);     //延时
    EN =1;          //使能有效
    P0 = dat;       //用变量 dat 表示每次发送的不同指令
    DelayMs(5);     //延时
    EN =0;          //关使能端
}

/************************************************************/
/*****************初始化子函数*******************************/
```

```
void LCD_init()
{
    Wcmd(0x06);          //每写入一个数据字节后,光标的移动方向右移一格,且地址
                         计数器加1
    Wcmd (0x38);         //设置为8位数据接口,双行显示,显示5×7点阵
    Wcmd (0x0c);         //设置为开显示,有光标,光标不闪烁
    Wcmd (0x01);         //清屏指令
}
/*************************************************************/
/****** **********主函数************************************/
void main()
{
    LCD_init();
    Wcmd(0xc0);
    Wdat(0x34);
    while(1);
}
/*************************************************************/
```

**例题2**：在 LCD1602 的第一行显示字符串"Hello, World!"，间隔1s显示一个字符。显示效果如图6.6所示。

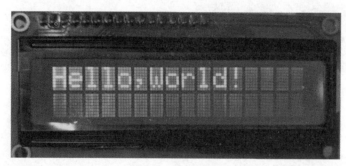

图6.6 显示效果

程序代码如下：

```
#include <reg52.h>            //加载头文件
sbit RS = P2^0;      //数据命令选择位声明
sbit RW = P2^1;      //读写选择位声明
sbit EN = P2^2;      //使能位声明
unsigned char code StrCode[] = "Hello,World!"
/****** *********1 ms 延时子函数**************************/
void DelayMs(unsigned int n)
{
```

```c
    unsigned char i;
    while(n --)
    {
        for(i =0;i <113;i ++);
    }
}
/*****************************************************************/
/************* 写指令子函数 **************************************/
void Wcmd(unsigned char cmd)
{
    RS =1;              //表示单片机发送来的是指令数据
    RW =0;              //表示数据传输方向是单片机向LCD1602写数据
    DelayMs(1);         //延时
    EN =1;              //使能有效
    P0 =cmd;            //用变量cmd表示每次发送的不同指令
    DelayMs(5);         //延时
    EN =0;              //关使能端
}
/*****************************************************************/
/************* 写数据子函数 **************************************/
void Wdat(unsigned char dat)
{
    RS =0;              //表示单片机发送来的是数据
    RW =0;              //表示数据传输方向是单片机向LCD1602写数据
    DelayMs(1);         //延时
    EN =1;              //使能有效
    P0 =dat;            //用变量dat表示每次发送的不同指令
    DelayMs(5);         //延时
    EN =0;              //关使能端
}
/*****************************************************************/
/************* 初始化子函数 **************************************/
void LCD_init()
{
    Wcmd(0x06);         //每写入一个数据字节后,光标的移动方向右移一格,且地
                        //  址计数器加1
    Wcmd (0x38);        //设置为8位数据接口,双行显示,显示5×7点阵
    Wcmd (0x0c);        //设置为开显示,有光标,光标不闪烁
    Wcmd (0x01);        //清屏指令
```

```c
}
/****************************************************************/
/************* 主函数 ******************************************/
void main()
{
    unsigned char j;
    LCD_init();
    for(j=0;j<12;j++)
    {
        Wdat(StrCode[j]);
    }
    while(1);
}
/****************************************************************/
```

以上程序也可以进行改进,为了避免字符串过长的时候,数长度过于麻烦,可以通过 while 语句的判断来实现。具体如何实现留给读者思考。

思考题:如何通过 while 语句实现判断字符串的长度。

## 本 章 小 结

本章主要讲了液晶显示器(LCD)的相关知识,液晶显示器是单片机应用系统的一种常见的人机接口形式,其优点是体积小、质量轻、功耗低。字符型 LCD 主要用于显示数字、字母、简单图形符号及少量自定义符号。

本章以常见的 LCD1602 为学习对象,主要要求大家掌握 LCD 的基本结构,了解 LCD 的显示原理以及基本指令形式、指令时钟,学会通过编写 C 语言程序实现对应的显示目的。

● 练 习 题

1. LCD 上电之后第一行显示字符串"Hello,Everyone",清屏之后,再在第二行显示"Let's study MCU",每个字符显示间隔为 1 s。

2. 在 LCD1602 上制作电子时钟"00-00-00min"。

# 第七章 键盘检测原理及程序设计实践

### 学习目标

1. 了解独立按键和矩阵按键的结构
2. 理解独立按键和矩阵按键的识别原理
3. 掌握独立按键和矩阵按键的使用方法

## 第一节 独立键盘检测原理

按键（轻触开关）是一种广泛应用于各种电子设备的元件，比如我们最常用的电视机面板控制按键、遥控器按键，其实就是一个常开的开关，按下后两个触点接触形成通路状态，松开时形成开路状态。

### 一、按键

#### （一）按键结构

轻触开关是一种电子开关，使用时，轻轻按开关按键就可使开关接通，当松开手时，开关断开。通常使用的开关如图 7.1 所示，一般单片机系统中采用非编码键盘，非编码键盘是由软件来识别键盘上的闭合键，它具有结构简单、使用灵活等特点，因此被广泛应用于单片机系统。

#### （二）按键开关的抖动问题

键盘是由若干按键组成的开关矩阵，它是微型计算机最常用的输入设备，用户可以通过键盘向单片机输入指令、地址和

图 7.1 按键结构

数据。组成键盘的按键有触点式和非触点式两种，单片机中应用的一般是由机械触点构成的。在图7.2、图7.3中，当按键未被按下时，P1.7输入为高电平；当按键按下后，P1.7输入为低电平。因此，按键对于单片机来说是输入设备，我们只能通过单片机检测接按键的引脚是否发生变化，从而做出相应的动作去控制输出设备。由于按键是机械触点，当机械触点断开、闭合时，会有抖动，P1.7输入端的波形如图7.3所示。这种抖动对于人来说是感觉不到的，但对单片机来说，则是完全可以感应到的，因为单片机处理的速度是在微秒级，而机械抖动的时间至少是毫秒级，对单片机而言，这已是一个"漫长"的时间了。

图7.2　按键　　　　　　　　　　　　图7.3　按键抖动波形

为使CPU能正确地读出P1口的状态，对每一次按键只做一次响应，因此必须考虑如何去除抖动，常用的去抖动的方法有两种：硬件方法和软件方法。单片机中常用软件方法，因此，对于硬件方法这里不介绍。

软件法其实很简单，就是在单片机获得P1.7口为低的信息后，不是立即认定按键已被按下，而是延时10 ms或更长一些时间后再次检测P1.7口，如果仍为低，说明按键的确按下了，这实际上是避开了按键按下时的抖动时间。而在检测到按键释放后（P1.7为高）再延时5~10 ms，消除后沿的抖动，然后再对键值处理。不过一般情况下，通常不对按键释放的后沿进行处理，实践证明，也能满足一定的要求。当然，实际应用中，对按键的要求也是千差万别的，要根据不同的需要来编制处理程序，但以上是消除按键抖动的原则。

## 二、按键检测及应用

**例题1**：使用按键控制LED灯的亮灭。按下按键后数码管亮，否则LED熄灭。

**分析**：按键是否按下是LED是否亮的前提条件，只有当条件满足，LED才会亮，否则不亮，在编程的过程中，这样的效果可用if语句来实现。在开发板上将按键接在单片机的P1.7引脚，通过读取P1.7引脚的变化，判断是否有按键按下，实现对应的控制。

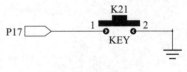

图7.4　独立按键接线

图7.4所示为独立按键接线，图7.5所示为LED接线图。

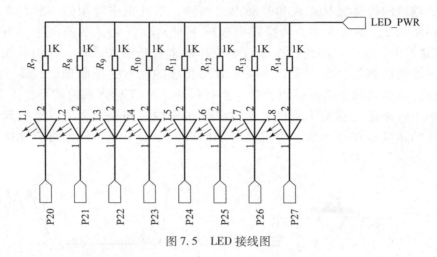

图 7.5 LED 接线图

程序代码如下:

```
#include <reg52.h>           //加载头文件
sbit key = P1^7;
/************1 ms 延时子函数*****************************/
void DelayMs(unsigned int n)
{
    unsigned char i;
    while(n --)
    {
        for(i =0;i <113;i ++);
    }
}
/**************************************************/
/*********************主函数*****************************/
void main()
{
    while(1)
    {
        if(key ==0)           //如果有按键按下,引脚状态为低电平
        {
            DelayMs(10);       //延时 10 ms,去抖
            if(key ==0)        //再次判断是否有按键按下
            {
                P2 =0;         //8 个 LED 灯亮
            }
        }
```

```
        else                    //按键如果没有按下
            P2 = 0xff;          //LED 熄灭
    }
}
/*********************************************************/
```

**例题 2**：数码管最右侧一位显示数据 0~9 的循环变化，开始数码管什么也不显示，按下按键之后，数码管显示 0，每按下按键，数码管显示加 1，直到 9，然后再从 0 开始。

独立按键与数码管接线图如图 7.6 所示。

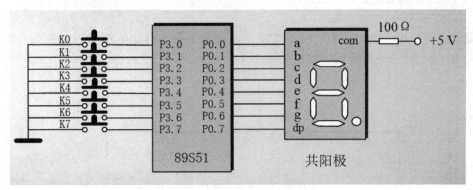

图 7.6　独立按键与数码管接线图

提升练习题：

用数码管的前两位显示一个十进制数，变化范围为 00~59，开始时显示 00，每按下 S2 键一次，数值加 1；每按下 S3 键一次，数值减 1；每按下 S4 键一次，数值归零；按下 S5 键一次，利用定时器功能使数值开始自动每秒加 1，再次按下 S5 键，数值停止自动加 1，保持显示原数。

## 第二节　矩阵键盘检测应用实现

### 一、矩阵键盘检测的原理

无论是独立键盘还是矩阵键盘，单片机检测其是否被按下的依据都是一样的，也就是检测与该键对应的 I/O 口是否为低电平。独立键盘有一端固定为低电平，单片机写程序检测时比较方便。而矩阵键盘两端都与单片机 I/O 口相连，因此在检测时需人为通过单片机 I/O 口送出低电平。检测时，先送一列为低电平，其余几列全为高电平（此时确定了列数），然后立即轮流检测一次各行是否有低电平，若检测到某一行为低电平（这时又确定了行数），则可确认当前被按下的键是哪一行哪一列的，用同样方法轮流送各列一次低电平，再轮流检测一次各行是否变为低电平，这样即可检测完所有的按键，当有键被按下时便可判断出按下的键是哪一个键。当然也可以将行线置低电平，扫描列是否有低电平。

经过上述分析，可以把矩阵键盘的识别工作分为以下三步进行：

（1）判断有无按键按下。将行线设置为输出口，输出全"0"，然后读列线状态，若列线均为高电平，则没有键按下；若列线状态不全为高电平，则可判断有按键按下。

（2）判断按下的是哪个按键。先置行线 C0 为低电平，其余行线为高电平，读列线状态，如列线状态不全为"1"，则说明所按按键在该行；否则所按按键不在该行，再使 C1 行线为低电平，其余行为高电平，判断 C1 有无按键按下。以此类推，这样可以算出按下按键的行列位置。

（3）获得相应按键号。根据行号和列号算出按下键的键号：键号 = 行首号 + 列号。行首号为行数乘以行号。

## 二、矩阵键盘检测及应用

**例题 3**：实验板上电时，数码管不显示，顺序按下第一行矩阵键盘后，在数码管上依次显示键号 0、1、2、3。矩阵按键接线如图 7.7 所示。

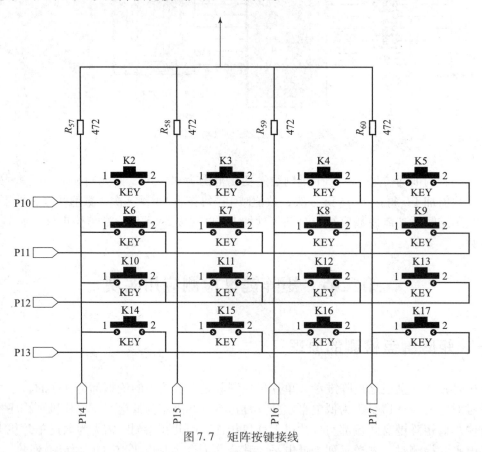

图 7.7　矩阵按键接线

**分析**：先设置第一行引脚电平信号 P1.0 = 0；然后逐列判断是否有按键按下。如果有按键按下，再进行进一步的对比，看是哪个按键按下，这一步，可以用 C 语言里面的 switch 语句实现，关于该语句的用法，可以查看相关资料。

程序编写如下：

```c
#include<reg52.h>
unsigned char code SegCode[] =
{0xc0,0xf9,0xa4,0xb0};
//    0    1    2    3
/************1 ms 延时子函数********************************/
void DelayMs(unsigned int n)
{
    unsigned char j;
    while(n--)
    {
        for(j=0;j<113;j++);
    }
}
/*****************************************************/
/***************主函数********************************/
void main()
{
    unsigned char temp,sum;
    P2 = 0xfe;                      //数码管位选
    while(1)
    {
        temp = P0;                  //第一行引脚电平信号置"0"
        temp = P0&0xfe;
        if(temp!=0xfe)
        {
            DelayMs(10);            //松手检测
            if(temp!=0xfe)          //第一行电平信号是否发生变化,判断
                                    //有无按键按下
            {
                switch(temp)        //键值匹配
                {
                    case 0xee:sum=0;break;
                    case 0xde:sum=1;break;
                    case 0xbe:sum=2;break;
                    case 0x7e:sum=3;break;
                }
            }
            P1 = SegCode[sum];      //数码管显示
        }
```

```
    }
  }
/*************************************/
```

以上是检测一行按键并显示对应的键值的。如果要显示 16 的按键对应的键值应该怎么编写程序呢？是以上程序的复制粘贴吗？当然不是，本节最开始介绍的键值检测原理的三步走，同学们可以按照上述的三步走，对程序进行修改。接下来通过一道例题进行练习。

**例题 4**：实验板上电时，数码管不显示，顺序按下矩阵键盘后，在数码管上依次显示 0~F。

**分析**：（1）判断有无按键按下；

（2）判断按下哪个按键；

（3）获得相应按键号。

部分程序代码如下：

```c
#include<reg52.h>
unsigned char code SegCode[ ] =
{0xc0,0xf9,0xa4,0xb0,0x99,0x92,0x82,0xf8,0x80,0x90,0x88,0x83,
0xc6,0xa1,0x86,0x8e};
//  0   1   2   3   4   5   6   7   8   9   a   b   c   d   e   f
unsigned char code ColumnCode[ ] = {0xfe,0xfd,0xfb,0xf7};
/*************1ms延时子函数**************************/
void DelayMs(unsigned int n)
{
  unsigned char j;
  while(n--)
   {
    for(j=0;j<113;j++);
   }
}

/******************************************************/
/***************按键扫描子函数*************************/
unsigned char KeyScan()
{
  unsigned char temp,row,column,i;
  P1 = 0xf0;
  temp = P1&0xf0;
  if(temp! = 0xf0)
   {
    DelayMs(10)      //延时防抖
    temp = P1&0xf0
    if(temp! = 0xf0)    //确实有键按下
```

```c
        switch(temp)
        {
            case 0x70:row=3;break;
                case 0xb0:row=2;break;
                case 0xd0:row=1;break;
                case 0xe0:row=0;break;
                default:break;


        }
    for(i=0;i<4;i++)
    {
      P1=ColumnCode[i];      //高4位行扫描
      temp=P1&0xf0;          //读高4位
      temp=~temp;            //转成"1"有效
      if(temp!=0x0f)
          column=i;
    }                        //高4位有"1",对应行有键按下
    return(row*4+column);    //有键按下处理结束
    }
  }
    else P1=0xff;
     return(16)              //无键按下返回无效码
}
/***********************************************/
/***************** 主函数 **********************/
    void main()
    {
        unsigned char KeyNum;
         while(1)
         {
            Key Num=KeyScan()
            if(KeyNum<16)    //有效键号
            {
                P0=SegCode[KeyNum];
            }
            else   P0=0x8c;
         }
    }
/*********************************************/
```

## 本 章 小 结

本章主要介绍了如何使用机械按键来作为单片机的输入设备。其中包括独立按键的使用与矩阵键盘的使用。

对于按键的使用，关键是需要消除机械按键在按下瞬间产生的抖动，本章对于软件消抖的方法和作用，进行了详细介绍。并通过例程，进一步对软件消抖进行了验证。同时，本章对矩阵键盘的使用和逻辑进行了分析，通过例程对矩阵键盘的使用进行了进一步学习分析，达到理论与实践相结合的目的。

### 练 习 题

1. 加入一个按键以控制流水灯的启动和停止。
2. 加入两个按键，控制数码管 0~99 的循环显示，一个按键每次按下后控制数码管显示加 1，另一个按键每次按下后，控制数码管显示减 1。
3. 三个按键分别控制秒表的启动、停止、清零。

# 第八章 单片机中断及外部中断程序设计实践

## 学习目标

1. 了解中断的基本概念
2. 理解外部中断的使用配置
3. 掌握外部中断的使用

## 第一节 单片机中断及中断优先级的概念

### 一、中断的概念

CPU 在处理某一事件 A 时，发生了另一事件 B 请求 CPU 迅速去处理（中断发生）；CPU 暂时中断当前的工作，转去处理事件 B（中断响应和中断服务）；待 CPU 将事件 B 处理完毕后，再回到原来事件 A 被中断的地方继续处理事件 A（中断返回），这一过程称为中断，处理过程如图 8.1 所示。

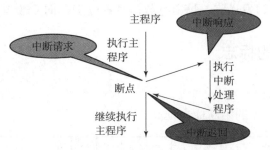

图 8.1　单片机的中断处理过程

引起 CPU 中断的根源，称为中断源。中断源向 CPU 提出中断请求。CPU 暂时中断原来的事务 A，转去处理事件 B，对事件 B 处理完毕后，再回到原来被中断的地方（即断点），称为中断返回。实现上述中断功能的部件称为中断系统（中断机构）。随着计算机技术的应用，人们发现中断技术不仅解决了快速主机与慢速 I/O 设备的数据传送问题，而且还具有如下优点：

（1）分时操作。CPU 可以分时为多个 I/O 设备服务，提高了计算机的利用率。

（2）实时响应。CPU 能够及时处理应用系统的随机事件，系统的实时性大大增强。

（3）可靠性高。CPU 具有处理设备故障及掉电等突发性事件的能力，从而使系统可靠性提高。

80C51 的中断系统有 5 个中断源（8052 有 6 个），2 级优先级，可实现二级中断嵌套。单片机中断系统的结构如图 8.2 所示。

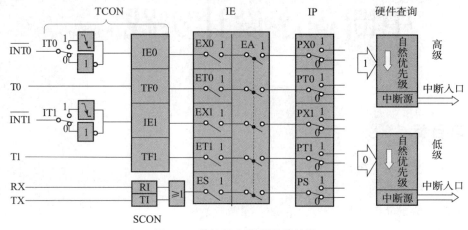

图 8.2　单片机中断系统的结构

（1）（P3.2），可由 IT0（TCON.0）选择其为低电平有效还是下降沿有效。当 CPU 检测到 P3.2 引脚上出现有效的中断信号时，中断标志 IE0（TCON.1）置"1"，向 CPU 申请中断。

（2）（P3.3），可由 IT1（TCON.2）选择其为低电平有效还是下降沿有效。当 CPU 检测到 P3.3 引脚上出现有效的中断信号时，中断标志 IE1（TCON.3）置"1"，向 CPU 申请中断。

（3）TF0（TCON.5），片内定时/计数器 T0 溢出中断请求标志。当定时/计数器 T0 发生溢出时，置位 TF0，并向 CPU 申请中断。

（4）TF1（TCON.7），片内定时/计数器 T1 溢出中断请求标志。当定时/计数器 T1 发生溢出时，置位 TF1，并向 CPU 申请中断。

（5）RI（SCON.0）或 TI（SCON.1），串行口中断请求标志。当串行口接收完一帧串行数据时置位 RI 或当串行口发送完一帧串行数据时置位 TI，向 CPU 申请中断。

## 二、中断请求的标志

1. TCON 的中断标志

如图 8.3 所示为 TCON 的中断标志位。

| 位 | 7 | 6 | 5 | 4 | 3 | 2 | 1 | 0 |   |
|---|---|---|---|---|---|---|---|---|---|
| 字节地址：88H | TF1 | TR1 | TF0 | TR0 | IE1 | IT1 | IE0 | IT0 | TCON |

图 8.3　TCON 的中断标志

IT0（TCON.0），外部中断0触发方式控制位。
  当IT0=0时，为电平触发方式。
  当IT0=1时，为边沿触发方式（下降沿有效）。
IE0（TCON.1），外部中断0中断请求标志位。
IT1（TCON.2），外部中断1触发方式控制位。
IE1（TCON.3），外部中断1中断请求标志位。
TF0（TCON.5），定时/计数器T0溢出中断请求标志位。
TF1（TCON.7），定时/计数器T1溢出中断请求标志位。

2. SCON 的中断标志

如图8.4所示为SCON的中断标志位。

| 位 | 7 | 6 | 5 | 4 | 3 | 2 | 1 | 0 |
|---|---|---|---|---|---|---|---|---|
| 字节地址：98H | | | | | | | TI | RI | SCON |

图8.4 SCON的中断标志

RI（SCON.0），串行口接收中断标志位。当允许串行口接收数据时，每接收完一个串行帧，由硬件置位RI。同样，RI必须由软件清除。

TI（SCON.1），串行口发送中断标志位。当CPU将一个发送数据写入串行口发送缓冲器时，就启动了发送过程。每发送完一个串行帧，由硬件置位TI。CPU响应中断时，不能自动清除TI，TI必须由软件清除。

## 三、中断允许控制

CPU对中断系统的所有中断以及某个中断源的开放和屏蔽是由中断允许寄存器IE控制的。如图8.5所示为中断允许控制标志位。

| 位 | 7 | 6 | 5 | 4 | 3 | 2 | 1 | 0 |
|---|---|---|---|---|---|---|---|---|
| 字节地址：A8H | EA | | | ES | ET1 | EX1 | ET0 | EX0 | IE |

图8.5 中断允许控制标志

EX0（IE.0），外部中断0允许位。
ET0（IE.1），定时/计数器T0中断允许位。
EX1（IE.2），外部中断1允许位。
ET1（IE.3），定时/计数器T1中断允许位。
ES（IE.4），串行口中断允许位。
EA（IE.7），CPU中断允许（总允许）位。

## 四、中断优先级控制

80C51单片机有两个中断优先级，即可实现二级中断服务嵌套。每个中断源的中断优先级都是由中断优先级寄存器IP中的相应位的状态来规定的。如图8.6所示为中断优先级控制标志。

| 位 | 7 | 6 | 5 | 4 | 3 | 2 | 1 | 0 |
|---|---|---|---|---|---|---|---|---|
| 字节地址：B8H | | | PT2 | PS | PT1 | PX1 | PT0 | PX0 | IP |

图 8.6 中断优先级控制标志

PX0（IP.0），外部中断 0 优先级设定位。
PT0（IP.1），定时/计数器 T0 优先级设定位。
PX1（IP.2），外部中断 1 优先级设定位。
PT1（IP.3），定时/计数器 T1 优先级设定位。
PS（IP.4），串行口优先级设定位。
PT2（IP.5），定时/计数器 T2 优先级设定位。

同一优先级中的中断申请不止一个时，则会出现中断优先权排队问题。同一优先级的中断优先权排队，由中断系统硬件确定的自然优先级形成，其排列如表 8.1 所示。

表 8.1 单片机中断源

| 中断序号 n | 中断源 | 入口地址 | 自然优先级 |
|---|---|---|---|
| 0 | 外部中断 0 | 0003H | ↓ |
| 1 | 定时器 0 溢出 | 000BH | |
| 2 | 外部中断 1 | 0013H | |
| 3 | 定时器 1 溢出 | 001BH | |
| 4 | 串行口 | 0023H | |

80C51 单片机的中断优先级有以下三条原则：
（1）CPU 同时接收到几个中断时，首先响应优先级别最高的中断请求。
（2）正在进行的中断过程不能被新的同级或低优先级的中断请求所中断。
（3）正在进行的低优先级中断服务，能被高优先级中断请求所中断。

为了实现上述后两条原则，中断系统内部设有两个用户不能寻址的优先级状态触发器。其中一个置"1"，表示正在响应高优先级的中断，它将阻断后来所有的中断请求；另一个置"1"，表示正在响应低优先级中断，它将阻断后来所有的低优先级中断请求。

## 第二节 单片机中断的条件及服务程序

### 一、中断响应条件

（1）中断源有中断请求；
（2）此中断源的中断允许位为"1"；
（3）CPU 开中断（即 EA = 1）。

同时满足时，CPU 才有可能响应中断。
中断服务的进入：

CPU 执行程序过程中，在每个机器周期的 S5P2 期间，中断系统对各个中断源进行采样。这些采样值在下一个机器周期内按优先级和内部顺序被依次查询。

如果某个中断标志在上一个机器周期的 S5P2 时被置成了"1"，那么它将于现在的查询周期中及时被发现。接着 CPU 便执行一条由中断系统提供的硬件 LCALL 指令，转向被称作中断向量的特定地址单元，进入相应的中断服务程序。

遇以下任一条件，硬件将受阻，不产生 LCALL 指令：
（1） CPU 正在处理同级或高优先级中断。
（2） 当前查询的机器周期不是所执行指令的最后一个机器周期。即在完成所执行指令前，不会响应中断，从而保证指令在执行过程中不被打断。
（3） 正在执行的指令为 RET、RETI 或任何访问 IE 或 IP 寄存器的指令。即只有在这些指令后面至少再执行一条指令时才能接受中断请求。

若由于上述条件阻碍中断未能得到响应，当条件消失时该中断标志却已不再有效，那么该中断将不被响应。就是说，中断标志曾经有效，但未获响应，查询过程在下个机器周期将重新进行。

## 二、中断响应时间

响应时间，即从查询中断请求标志位到转向中断服务入口地址所需的机器周期数。
1. 最快响应时间
以外部中断的电平触发为最快。
从查询中断请求信号到中断服务程序需要三个机器周期：
　　　1 个周期（查询） +2 个周期（长调用 LCALL）
2. 最长时间
若当前指令是 RET、RETI 和 IP、IE 指令，紧接着下一条是乘除指令发生，则最长为 8 个周期：
　　2 个周期执行当前指令（其中含有 1 个周期查询） +4 个周期乘除指令 +2 个周期长调用 =8 个周期。

## 三、中断响应过程

（1） 将相应的优先级状态触发器置"1"（以阻断后来的同级或低级的中断请求）。
（2） 执行一条硬件 LCALL 指令，即把程序计数器 PC 的内容压入堆栈保存，再将相应的中断服务程序的入口地址送入 PC。
（3） 执行中断服务程序。
中断响应过程的前两步是由中断系统内部自动完成的，而中断服务程序则要由用户编写程序来完成。

## 四、中断返回

RETI 指令的具体功能如下：

(1) 将中断响应时压入堆栈保存的断点地址从栈顶弹出送回 PC，CPU 从原来中断的地方继续执行程序。

(2) 将相应中断优先级状态触发器清零，通知中断系统，中断服务程序已执行完毕。

注意，不能用 RET 指令代替 RETI 指令。在中断服务程序中 PUSH 指令与 POP 指令必须成对使用，否则不能正确返回断点。

若外部中断定义为电平触发方式，中断标志位的状态随 CPU 在每个机器周期采样到的外部中断输入引脚的电平变化而变化，这样能提高 CPU 对外部中断请求的响应速度。但外部中断源若有请求，必须把有效的低电平保持到请求获得响应时为止，不然就会漏掉；而在中断服务程序结束之前，中断源又必须撤销其有效的低电平，否则中断返回之后将再次产生中断。

电平触发方式适合于外部中断输入以低电平输入且中断服务程序能清除外部中断请求源的情况。例如，并行接口芯片 8255 的中断请求线在接受读或写操作后即被复位，因此，以其去请求电平触发方式的中断比较方便。

# 第三节 外部中断的程序设计及实践

## 一、外部中断响应条件设置

(1) 设置外部中断触发方式；
(2) 外部中断允许位为"1"（即 IT0 = 1/IT1 = 1）；
(3) CPU 开中断（即 EA = 1）。

## 二、应用实例 1

**例题 1**：利用单片机的外部中断功能控制 LED 亮灭。
(1) K0 键按下后 LED 亮（外部中断 0）；
(2) K1 键按下后 LED 灭（外部中断 1）。

（一）实验电路

实验电路如图 8.7、图 8.8 所示。

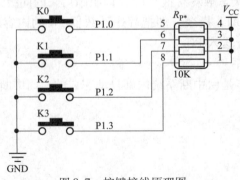

图 8.7 按键接线原理图

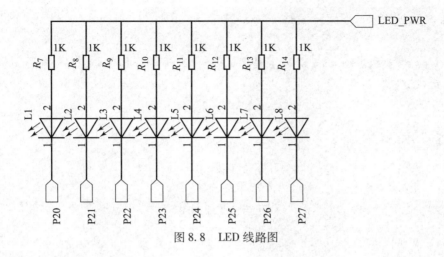

图 8.8　LED 线路图

**（二）程序流程图**

外部中断控制程序流程如图 8.9 所示。

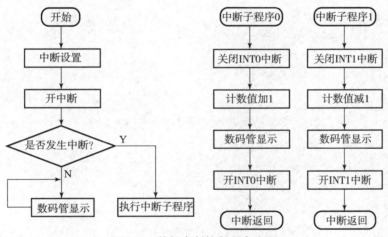

图 8.9　外部中断控制程序流程

**（三）程序代码**

```
#include < reg52.h >
unsigned char flag;                      //标志位定义
/****************** 延时函数 ************************************/
void DelayMs(unsigned int n)
{
    unsigned char k;
    while(n--)
    {
        for(k=0;k<113;k++);
```

```c
    }
}
/******************** 主程序 ********************/
void main()
{
    P2 = 0;
    IT0 = 1;              //下降沿触发
    IT1 = 1;              //下降沿触发
    EA = 1;               //总中断允许
    EX1 = 1;              //开启 INT1 中断
    EX0 = 1;              //开启 INT0 中断
    while(1)
    {
        if(flag ==1)
            P2 = 0;
        if(flag ==2)
            P2 = 0xff;
        flag = 0;
    }
}
/************** INT0 中断函数（加计数）**************/
void INT0_ISR( ) interrupt 0
{
    EX0 = 0;         //关闭 INT0 中断
    Flag = 1;
    EX0 = 1;         //开启 INT0 中断
}
/************** INT1 中断函数（减计数）**************/
void INT1_ISR( ) interrupt 2
{
    EX1 = 0;         //关闭 INT1 中断
    Flag = 2;
    EX1 = 1;         //开启 INT1 中断
}
```

## 三、应用实例2

**例题2**：利用单片机的外部中断功能进行计数，然后将计数值输出到数码管上显示。

（1）K0 键——计数值加 1（外部中断 0）；

（2）K1 键——计数值减 1（外部中断 1）；

（3）显示的范围是 0~9 循环。

### （一）实验电路

实验电路如图 8.10、图 8.11 所示。

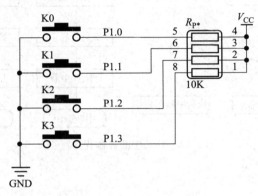

图 8.10  按键接线原理图

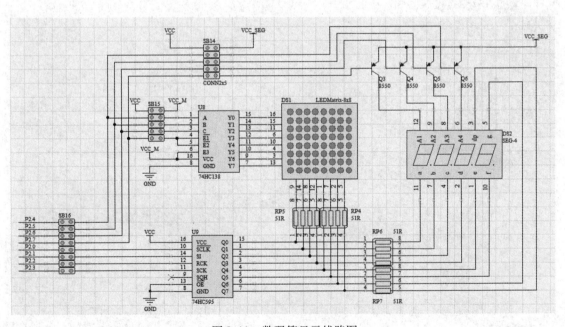

图 8.11  数码管显示线路图

### （二）程序流程图

外部中断控制程序流程如图 8.12 所示。

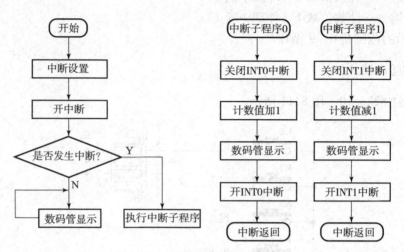

图 8.12 外部中断控制程序流程

（三）程序代码

```
#include <reg52.h>
#include <intrins.h>
unsigned char code SegCode[] =
{0xC0,0xF9,0xA4,0xB0,0x99,0x92,0x82,0xF8,0x80,0x90};    //段码
//   0    1    2    3    4    5    6    7    8    9
unsigned char data display[3];         //显示缓存单元
unsigned char count;                   //计数单元
/***************** 延时函数 *******************************/
void DelayMs(unsigned int n)
{
    unsigned char k;
    while(n--)
    {
        for(k=0;k<113;k++);
    }
}
/******************** 主程序 *******************************/
void main()
{
    P2 = 0;
    IT0 = 1;              //下降沿触发
    IT1 = 1;              //下降沿触发
```

```c
    EA = 1;                      //总中断允许
    EX1 = 1;                     //开启 INT1 中断
    EX0 = 1;                     //开启 INT0 中断
    while(1)
    {
        if(count ==10)
            Count = 0;
        if(count ==255)
            Count = 9;
        P0 = SegCode[Count];     //数码管显示
    }
}
/************** INT0 中断函数（加计数）**************************/
void INT0_ISR() interrupt 0
{
    unsigned char x;
    EX0 = 0;                     //关闭 INT0 中断
    count ++;                    //计数值加1
    EX0 = 1;                     //开启 INT0 中断
}
/************** INT1 中断函数（减计数）**************************/
void INT1_ISR() interrupt 2
{
    unsigned char x;
    EX1 = 0;                     //关闭 INT1 中断
    count --;                    //计数值减1
    EX1 = 1;                     //开启 INT1 中断
}
```

# 本 章 小 结

本章首先对中断的定义进行介绍。一个中断的发生，必须满足三个步骤，即中断请求、中断响应和中断返回。中断请求，是指 CPU 在处理某一事件 A 时，发生了另一事件 B 请求 CPU 迅速去处理；中断响应，是指 CPU 暂时中断当前的工作，转去处理事件 B；中断返回，是指待 CPU 将事件 B 处理完毕后，再回到原来事件 A 被中断的地方继续处理事件 A。以上三个步骤构成了中断的定义。

单片机有 5 个中断源，2 级优先级。中断的使用和优先级的配置，以及各中断的触发条件，都需要由操作相应的寄存器进行。本章对中断相关的寄存器的使用进行了详细介绍，并配合简单例程进行实战演练。

## 练习题

1. 用外部中断 1 按键控制流水灯的启动和停止。
2. 用两个外部中断控制数码管 0~99 的循环显示，外部中断 0 触发一次控制数码管显示加 1，外部中断 1 触发一次控制数码管显示减 1。

# 第九章 定时/计数器原理及应用

**学习目标**

1. 了解定时/计数器的工作原理
2. 理解定时/计数器特殊功能寄存器的设置方法
3. 掌握定时/计数器的使用

## 第一节 定时/计数器的工作原理

### 一、定时/计数的概念

在现实生活中关于定时和计数的应用实例处处可见。比如选票统计时画"正"计数、录音机上的计数器、家里面用的电度表、汽车上的里程表等,这些都是计数的应用。

#### (一) 计数器的容量

从一个生活中的例子看起:一个水盆在水龙头下,水龙头没关紧,水一滴滴地滴入盆中。水滴不断落下,盆的容量是有限的,过一段时间之后,水就会逐渐变满。录音机上的计数器最多只计到999…。由此可见,起到计数功能的物品,都有一个关键要素——容量。那么单片机中的计数器是不是也有对应的容量呢?这个容器是什么样的呢?容量又有多大?接下来,我们就来学习这个单片机的计数容器。

#### (二) 定时的概念

80C51 单片机中有两个计数器,分别称为 T0 和 T1,这两个计数器分别是由两个 8 位的 RAM 单元(THx、TLx)组成的,即每个计数器都是 16 位的计数器,最大的计数量是 $2^{16}=65\,536$。那这个计数器的计数源是什么呢?又是间隔多长时间计一次数呢?在第一章，我们学过晶振，晶振按照固定的频率振动，振动频率很准确，单片机计数就是以晶振的振动周期为依据，将单片机的晶振经过 12 分频后获得的一个脉冲源，这个经过 12 分频得到的时间称为一个机器周期。单片机以机器周期的间隔时间进行计数，计数 65 536 次就会发生溢出。这样我们也可以知道计数到发生溢出所花费的时间。例如，一个 12 MHz 的晶振，它提供给计数器的脉冲时间间隔是多少呢？机器周期 $T_{机} = 12 \times T_{晶} = 12 \times (1/12 \text{ MHz}) = 1 \text{ μs}$，计数器的脉冲时间间隔是 1 μs。那从 0 开始，间隔 1 μs 计一次数，直到 65 536 次发生溢出，所花费的总时间是 65.536 ms。这样单片机也就具有了定时的功能。因此，单片机中的定时器和计数器是一个东西。另外，还要注意，单片机进行定时和计数的脉冲除了内部自带的时钟脉冲之外，还可以通过引脚外接脉冲信号，如图 9.1 所示。作计数器时，通过引脚 T0（P3.4）和 T1（P3.5）对外部脉冲信号计数，当输入脉冲信号从 1 到 0 的负跳变时，计数器就自动加 1。计数的最高频率一般为振荡频率的 1/24。不论是定时或是计数工作方式，定时器 T0 或 T1 都不占用 CPU 时间，除非定时/计数器溢出，才可能中断 CPU 的当前操作。由此可见，定时器是单片机中效率高而且工作灵活的部件。

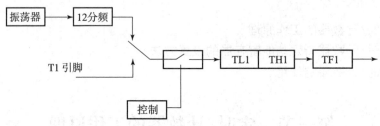

图 9.1 定时/计数器 T1 的原理方框图

### （三）任意计数及溢出

下面再来看水滴的例子，当水不断落下，盆中的水逐渐变满，最终有一滴水使得盆中的水满了。这时如果再有一滴水落下，就会发生什么现象呢？水就会漫出来，用个术语来讲就是"溢出"。水溢出是流到地上，而计数器溢出后将使得 TFx 变为"1"（TFx 为定时器溢出标志，x 取值为 0、1）。一旦 TFx 由 0 变成 1，就是产生了变化，产生了变化就会引发事件，就像定时的时间一到，闹钟就会响一样。至于会引发什么事件，现在先不做研究，下面来研究另一个问题：要有多少个计数脉冲才会使 TFx 由 0 变为 1。

刚才已研究过，计数器的容量是 16 位，也就是最大的计数值到 65 536，因此计数计到 65 536 就会产生溢出。这个没有问题，问题是现实生活中，经常会有少于 65 536 个计数值的要求，如包装线上，一打为 12 瓶，一瓶药片为 100 粒，怎么样来满足这个要求呢？这就是下面要讲的任意定时及计数的方法。

提示：如果是一个空的盆要 1 万滴水滴进去才会满，若在开始滴水之前就先放入一勺水，还需要 10 000 滴吗？因此，可以采用预置数的方法，若要计 100，那就先放进 65 436，再来 100 个脉冲，不就到了 65 536 了嘛。定时也是如此，每个脉冲是 1 μs，则计满 65 536 个脉冲需时 65.536 ms，但现在只要 10 ms 就可以了，怎么办？10 毫秒为 10 000 微秒，所以，只要在计数器里面放进 55 536 就可以了。

定时/计数器简称定时器，8051 系列单片机有 2 个 16 位的定时/计数器：定时器 0（T0）

和定时器1（T1）。8052系列单片机增加了一个定时器T2。它们都有定时或事件计数的功能，可用于定时控制、延时、对外部事件计数和检测等场合。

## 二、控制定时/计数器常用的特殊功能寄存器

在单片机中有两个特殊功能寄存器与定时/计数器有关，这就是定时/计数器控制寄存器TCON和工作方式寄存器TMOD。

（1）定时/计数器控制寄存器TCON中各位的说明，如图9.2所示。TCON也被分成两部分，高4位用于定时/计数器设置，低4位则用于外部中断设置。

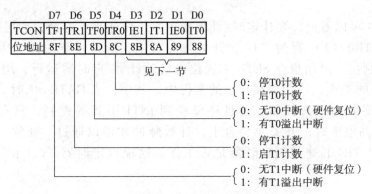

图9.2　TCON定时/计数器控制寄存器

（2）工作方式寄存器TMOD中各位的说明，如图9.3所示。

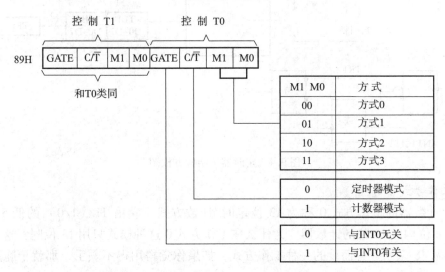

图9.3　TMOD工作方式寄存器

从图9.3中可以看出，TMOD被分成两部分，低4位和高4位，分别用于控制T0和T1。

# 第二节　定时/计数器的工作方式

## 一、定时/计数器的四种工作方式

在上一节设置工作方式寄存器 TMOD 的时候，有两个与工作方式选择相关的位，由这两位的设置情况，可以知道定时器有四种工作方式，分别当 M1M0 = 00 的方式 0、M1M0 = 01 的方式 1、M1M0 = 10 的方式 2、M1M0 = 11 的方式 3，接下来结合图 9.4 具体介绍这四种工作方式。

结合图 9.4 可以看出，要让定时/计数器正常工作还真不容易，有层层关卡要通过，最起码，就是 TR0（1）要为"1"，开关才能合上，脉冲才能过来。因此，TR0（1）被称为运行控制位，可用指令 SETB 来置位以启动计数/定时器运行，用指令 CLR 来关闭定时/计数器的工作，一切尽在自己的掌握中。其中，当 GATE = 1 时，计数脉冲通路上的开关不仅要由 TR1 来控制，而且还要受到 INT1 引脚的控制，只有 TR1 为 1，且 INT1 引脚也是高电平时，开关才会合上，计数脉冲才得以通过。通常，将 GATE 置为"0"，即只通过 TR1 位来控制定时器是否工作。这里以定时器 T1 为例，定时器 T0 与 T1 完全一样。

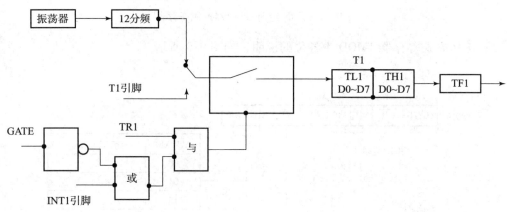

图 9.4　定时器 1 结构方框图

1. 工作方式 0

定时/计数器的工作方式 0 称为 13 位定时/计数方式。它由 TL（1/0）的低 5 位和 TH（0/1）的 8 位构成 13 位的计数器。为什么在工作方式 0 这种模式只用 13 位呢？这是为了和 51 机的前辈 48 系列兼容而设的一种工作方式，如果你觉得用得不顺手，那就干脆用第二种工作方式。

2. 工作方式 1

工作方式 1 是 16 位的定时/计数方式，将 M1M0 设为 01 即可，其他特性与工作方式 0 相同。这是最常用的一种工作方式。

3. 工作方式 2

在介绍这种方式之前先思考一个问题：上一次课提到过任意计数及任意定时的问题，比如要计 1 000 个数，可是 16 位的计数器要计到 65 536 才满，怎么办呢？讨论后得出的办法是用预置数，先在计数器里放上 64 536，再来 1 000 个脉冲，不就行了吗？是的，但是计满了之后又该怎么办呢？要知道，计数总是不断重复的，流水线上计满后马上又要开始下一次计数，下一次的计数还是 1 000 吗？当计满并溢出后，计数器的值变成了 0（为什么，可以参考前面课程的说明），因此下一次将要计满 65 536 后才会溢出，这可不符合要求，怎么办？办法当然很简单，就是每次一溢出时执行一段程序（这通常是需要的，要不然要溢出干吗？），可以在这段程序中把预置数 64 536 送入计数器中。所以采用工作方式 0 或 1 都要在溢出后做一个重置预置数的工作，做工作当然就得要时间，一般来说这点时间不算什么，可是有一些场合这个时间还是要计较的，所以就有了第三种工作方式，即自动再装入预置数的工作方式。

既然要自动地新装入预置数，那么预置数就得放在一个地方，那预置数放在什么地方呢？如果将它放在 T0（1）的高 8 位，那么这高 8 位就不能参与计数了。是的，在工作方式 2，只有低 8 位参与计数，而高 8 位不参与计数，用作预置数的存放，这样计数范围就小多了。当然做任何事总是有代价的，关键是看值不值，如果根本不需要计那么多数，就可以用这种方式。每当计数溢出，就会打开 T0（1）的高、低 8 位之间的开关，使预置数进入低 8 位。这是由硬件自动完成的，不需要由人工干预。通常这种工作方式用于波特率发生器（将在串行接口中讲解），用于这种用途时，定时器就是为了提供一个时间基准。计数溢出后不需要做事情，要做的仅仅只有一件，就是重新装入预置数，再开始计数，而且中间不要任何延迟，可见这个任务用工作方式 2 来完成是最妙不过了。

4. 工作方式 3

由于定时器 T1 无操作模式 3。这种工作方式之下，定时/计数器 0 被拆成 2 个独立的定时/计数器来用。其中，TL0 可以构成 8 位的定时器或计数器的工作方式，而 TH0 则只能作为定时器来用。我们知道作定时、计数器来用，需要有控制功能，计满后溢出需要有溢出标记，T0 被分成两个来用，那就要两套控制及溢出标记了，从何而来呢？TL0 还是用原来的 T0 的标记，而 TH0 则借用 T1 的标记。如此 T1 就没有标记了，那么 T1 是不是就不可用了呢？回答是肯定的。注意：一般只是在 T1 以工作方式 2 运行（当波特率发生器来用）时，才让 T0 工作于方式 3 的。

## 二、定时/计数器的定时/计数范围

工作方式 0：13 位定时/计数方式，因此，最多可以计到 2 的 13 次方，也就是 8 192 次。

工作方式 1：16 位定时/计数方式，因此，最多可以计到 2 的 16 次方，也就是 65 536 次。

工作方式 2 和工作方式 3：都是 8 位的定时/计数方式，因此最多可以计到 2 的 8 次方，即 256 次。

预置数的计算：用最大计数量减去需要的计数次数即可。

例：流水线上一个包装是 12 盒，要求每到 12 盒就产生一个动作，用单片机的工作方式

0 来控制，应当预置多大的值呢？就是 8 192 - 12 = 8 180。

以上是计数的工作原理，定时也是一样，这在前面的课程已提到，此处不再重复，请参考前面的例子。

## 第三节 定时/计数器程序设计及实践

80C51 单片机的定时/计数器是可编程的。在使用 8051 的定时/计数器前，应对它进行初始化编程，主要是对 TCON 和 TMOD 编程，计算和装载计数初值（也称作时间常数）。

一般初始化程序完成以下几个步骤：

(1) 设置工作方式：确定 T/C 的工作方式——编程 TMOD 寄存器。
(2) 装预置数：计算 T/C 中的计数初值，并装载到 THx 和 TLx。
(3) 中断允许：要对 IE 赋值，开放中断。
(4) 开定时器：启动定时/计数器——编程 TCON 中 TR1 或 TR0 位。

### 一、应用实例 1

**例题 1**：用定时的方式实现间隔 500 ms 一个 LED 的闪灯程序。

（一）实验电路

实验电路如图 9.5 所示。

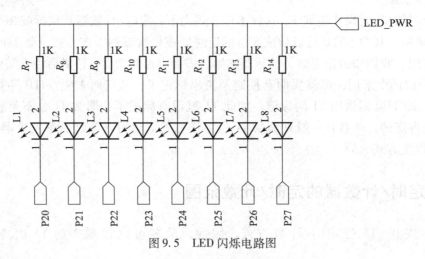

图 9.5 LED 闪烁电路图

（二）程序流程图

实现闪灯程序流程图如图 9.6 所示。

## 定时/计数器原理及应用 第九章

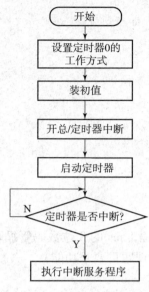

图 9.6　闪灯程序流程

### （三）C 语言源程序代码

```
#include <reg52.h>
#define uchar unsigned char
#define uint unsigned int
uint num = 0;
sbit led0 = P2^0;
/*************** 主函数 ************************/
void main( )
{
    TMOD = 0X01;                    //设置定时器 T0 工作于方式 1
    TH0 = (65536 - 18432)/256;      //设置定时 500 ms 初值高 8 位
    TL0 = (65536 - 18432)%256;      //设置定时 500 ms 初值低 8 位
    IE = 0X82;                      //允许定时器 T0 工作
    TR0 = 1;                        //T0 运行位设置
    while(1)
    {
        if(num == 25)
        {
            num = 0;
            led0 = ~led0;
        }
    }
```

}
/**************定时器中断程序***********************/
void T0_TIMER() interrupt 1
{
    TH0 = (65536 - 18432)/256;
    TL0 = (65536 - 18432)% 256;
    num ++ ;
}
```

## 二、应用实例2

**例题2**：用定时的方式实现间隔1 ms的8位数码管循环显示0~9变化。（程序代码不全，请根据要求，自行补全，并实现题目要求功能）

（一）实验电路

实验电路如图9.7所示。

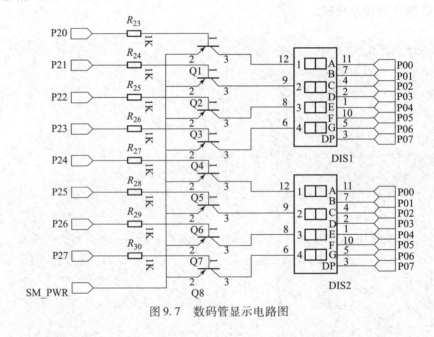

图9.7 数码管显示电路图

（二）程序流程图

实现闪灯程序流程图如图9.8所示。
```

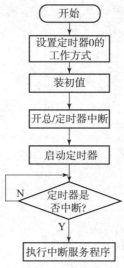

图9.8 闪灯程序流程

## （三）C语言源程序代码

```
#include <reg52.h>
#define uchar unsigned char
#define uint  unsigned int
uint num=0,sum=0;
sbit led0 = P2^0;
unsigned char code SegCode[]={0xc0,0xf9,0xa4,0xb0,0x99,0x92,0x82,
0xf8,0x80,0x90};   //共阳极0～9码型
/***************主函数************************/
void main()
{
    TMOD=0X01;              //设置定时器T0工作于方式1
    TH0=(65536-_____)/256;      //请自行计算定时1s初值高8位
    TL0=(65536-_____)%256;      //请自行计算定时1s初值低8位
    IE=0X82;                //允许定时器T0工作
    TR0=1;                  //T0运行位设置
    P2=_____;              //8位数码管位选
    while(1)
    {
        if(num==20)
        {
            num=0;
            sum++;
```

```
                if(sum == _____ )          //请完成对应功能
                    sum = 0;
                P0 = SegCode[sum];
            }
        }
    }
}
/***************定时器中断程序************************/
void T0_TIMER() interrupt 1
{
    TH0 = (65536 - _____ )/256;
    TL0 = (65536 - _____ )% 256;
    num ++;
}
```

## 三、单片机里有只"狗"

### （一）所谓"看门狗"

单片机是不能停止工作的，只要它有电，有晶振在起振，它就不会停止工作，每过一个机器周期，它内部的程序指针要加1，程序指针指向下一条要执行的指令。每隔一个机器周期定时器计数加1，直到计数器计满，定时器中断，执行中断服务程序，重装初值，再开始计数，如此循环往复，一直执行下去，直到单片机断电。但是对于程序往复执行过程中，因为干扰的原因，在非预期的情况下，使得程序计数器PC的值发生随机的变化，从而使得程序的流向指向不确定区域，这便是程序的跑飞。程序跑飞后或者会使指令的地址码和操作码发生改变，PC把操作数当作指令来执行；或者PC值指向一条不合逻辑关系的指令甚或是非程序区，运行结果常常会使单片机进入死循环———便是大家常说的"死机"。为确保在无人当值的情况下，单片机"死机"后能自动恢复过来，通常采用软件陷阱，外部WDT电路，以及软件控制的WATCHDOG等方法，使系统恢复正常（后两种俗称"看门狗"），接下来，我们详细了解一下看门狗。

看门狗是S5x系列单片机比C5x系列多出来的功能之一。看门狗可以在CPU死机时重启CPU。看门狗由一个14位的计数器和看门狗寄存器WDTRST组成。单片机复位后，看门狗是处于禁用状态的。要使能看门狗，就要连续向WDTRST寄存器写入0x1e和0xe1。当看门狗使能且振荡器工作时，看门狗计数器每个机器周期增1。使能看门狗后，除了复位（硬件复位或看门狗溢出复位）外没有办法禁用看门狗。当看门狗计数器溢出时，它会在RST引脚产生一个高电平脉冲，迫使单片机复位。

当看门狗使能后，程序必须不断地向WDTRST写0x1e和0xe1以避免看门狗溢出（通常称为"喂狗"）。看门狗的14位计数器在数到16 383（0x3FFF）后溢出，这时单片机会复位。这意味着程序必须最多16 383机器周期内喂一次狗。

下面编写一段加入了看门狗的程序。本段例程使用的是STC89C52单片机，在此程序中,不仅在主函数的 while(1) 循环中加入了喂狗语句,还在 Delay10ms( ) 和 Delay1ms( ) 函数中加入了喂狗语句。因为在 22.118 4 MHz 的振荡频率下,看门狗的溢出时间为不足 9 ms,在用到长达 10 ms 的延时处必须喂狗。为了保险起见,延时 1 ms 的函数也加入了喂狗语句。由于 reg52.h 头文件中并没有 WDTRST 的声明,所以在程序开始处加入了对它的声明 "sfr WDTRST = 0xA6;"。

### (二) C 语言源程序代码

```
#include <reg52.h>                    //晶振频率 22.118 4 MHz
#define TIMER10MS_H 0xb8
#define TIMER10MS_L 0x00
#define TIMER1MS_H 0xf8
#define TIMER1MS_L 0xcd
#define TIMER0_RUN TR0 = 1
#define TIMER0_STOP TR0 = 0
#define SEG_PORT P0
#define DISPLAY_DIG1 P1 & = 0xf0;P1 | = 0x01
sfr WDTRST = 0xA6;
void Delay10ms(void)
{
TH0 = TIMER10MS_H;
TL0 = TIMER10MS_L;          //给 Timer0 写入初始值
TIMER0_RUN;                 //开始计数
while(! TF0)
{
WDTRST = 0x1e;              //喂狗
WDTRST = 0xe1;
}
TF0 = 0;                    //清定时器溢出标志
TIMER0_STOP;                //停止计数
return;
}
void Delay1ms(void)
{
TH0 = TIMER1MS_H;
TL0 = TIMER1MS_L;           //给 Timer0 写入初始值
TIMER0_RUN;                 //开始计数
while(! TF0)                //等到定时器溢出
{
WDTRST = 0x1e;              //喂狗
```

```c
    WDTRST = 0xe1;
}
    TF0 = 0;                //清定时器溢出标志
    TIMER0_STOP;            //停止计数
    return;
}
void Delay(unsigned int t)
{
    while(t >=10)
    {
        Delay10ms();
        t -=10;
    }
    while(t)
    {
        Delay1ms();
        t --;
    }
    return;
}
void Initial(void)
{
    IE = 0;                 //屏蔽所有中断
    TMOD = 0x01;            //Timer0 使用工作方式1(16 位),定时器
    DISPLAY_DIG1;
}
void main()
{
    unsigned char code SEG_CODE[]
    ={0xc0,0xf9,0xa4,0xb0,0x99,0x92,0x82,0xf8,0x80,0x90};
    unsigned char currentDigit;
    Initial();
    while(1)
    {
        WDTRST = 0x1e;                              //喂狗
        WDTRST = 0xe1;
        SEG_PORT = SEG_CODE[currentDigit];          //数码管显示当前数字
        Delay(1000);                                //延时1 000 ms
        if(currentDigit !=9)
```

```
}
currentDigit ++ ;
}
else
{
currentDigit = 0;
}
}
}
```

### (三) 空闲模式和掉电模式

空闲模式和掉电模式是 MCS – 51 单片机的两种节能模式，下面分别介绍。

#### 1. 空闲模式

在空闲模式中，CPU 进入休眠状态，而单片机外设仍处于工作状态。在空闲模式下，片内 RAM 和所有特殊功能寄存器（SFR）都不改变。空闲模式可被任何被允许的中断或硬件复位所终止。当空闲模式被硬件复位所终止时，CPU 便进入休眠处执行指令。在这一事件下，片内的硬件把内存访问限制在片内，但单片机引脚的访问并不受限制。如防止硬件复位产生意外的引脚写操作，紧跟在进入空闲模式指令后的指令不应写端口或外部的 RAM。要进入空闲模式，软件应将寄存器 PCON 的 PCON.0，即 IDL 位置 "1"，此时 ALE 和 PSEN 引脚都会被置为 "0"。

#### 2. 掉电模式

在掉电模式下，振荡器停止振荡，调用掉电模式的指令是单片机最后执行的指令。片内 RAM 和特殊功能寄存器的值在掉电模式终止前都不会改变。硬件复位和被允许的外部中断（INT0 和 INT1）都可以终止掉电模式。硬件复位会重置特殊功能寄存器的值，但不会改变片内 RAM 的内容。硬件复位应在 $V_{cc}$ 恢复正常工作电压后发生，并且保持足够长的时间使振荡器达到稳定。进入掉电模式时，软件将 PCON 的 PCON.1，即 PD 位置 "1"，此时 ALE 引脚和 PSEN 引脚都会置为 "0"。

#### 3. 节电模式下的看门狗

在掉电模式下，振荡器停止振荡，因此，看门狗计数器也会停止。因此，在掉电模式下，程序不需要喂狗。如果掉电模式被硬件复位所终止，喂狗的工作和普通程序一样。如果掉电模式是被外部中断终止，那么中断请求时间应该足够长，以使振荡器稳定。要防止看门狗在中断引脚被拉低时复位单片机，在外部中断的处理函数内最好喂一下狗。同时，为了保证不会在退出掉电模式后没几个机器周期看门狗计数器就要溢出，最好在进入掉电模式前喂一下狗。

在进入空闲模式前，特殊功能寄存器 AUXR 中的 WDIDLE 位（AUXR 的定义详见 S51 或 S52 的数据手册）决定看门狗在空闲模式时是否仍继续计数（在使用看门狗的前提下）。在默认的状态下，看门狗在空闲模式下仍然计数（WDIDLE = 0）。要防止看门狗在空闲模式中复位单片机，程序应设置一个定时器定期终止空闲状态来喂狗并重新进入空闲模式。如果 WDIDLE 位置 "1"，看门狗计数器在空闲模式中会停止计数，在终止空闲模式后会恢复计数。

看门狗这部分知识点作为提高学习，大家可以课下查阅相关资料进一步学习和了解。如果想设计一个可靠性更高的程序，看门狗的应用还是很关键的。

## 本 章 小 结

（1）单片机的定时器/计数器，实质是按一定时间间隔自动在系统后台进行计数的。

（2）当被设定工作在定时器方式时，自动计数的间隔是机器周期（12个晶振振荡周期），即计数频率是晶振振荡频率的1/12。

（3）当定时器被启动时，系统自动在后台，从初始值开始进行计数，计数到某个终点值时（方式1时是65 535），产生溢出中断，自动去运行定时中断服务程序。注意：整个计数、溢出后去执行中断服务程序，都是单片机系统在后台自动完成的，不需要人工干预。

（4）定时器的定时时间，应该是：（终点值 – 初始值）×机器周期。对于工作在方式1和12 MHz时钟的单片机，最大的计时时间是（65 535 – 0）×1 μs = 65.535 ms。这个时间也是一般的51单片机定时器能够定时的最大定时时间，如果需要更长的定时时间，则一般可累加多定时几次得到，比如需要1 s的定时时间，则可让系统定时50 ms，循环20次定时就可以得到1 s的定时时间。

（5）定时器定时得到的时间，由于是系统后台自动进行计数得到的，不受主程序中运行其他程序的影响，所以相当精确。

（6）使用定时器，必须先用TMOD寄存器设定T0/T1的工作方式，一般设定在方式1的情况比较多，所以可以这样设定：TMOD = 0x01（仅设T0为方式1，即16位）、TMOD = 0x10（仅设T1为方式1，即16位）、TMOD = 0x11（设T0和T1为方式1，即都为16位）。

（7）使用定时器，必须根据需要的定时时间，装载相应的初始值，而且在中断服务程序中，很多情况下得重新装载初始值，否则系统会从零开始计数而引起定时失败。

（8）要使用定时器前，还必须打开总中断和相应的定时器中断，并启动之：EA = 1（开总中断）、ET0 = 1（开定时器0中断）、TR0 = 1（启动定时器0）、ET1 = 1（开定时器1中断）、TR1 = 1（启动定时器1）。

（9）注意中断服务程序尽可能短小精干，不要让它完成太多任务，尤其尽量避免出现长延时，以提高系统对其他事件的响应灵敏度。

## 练 习 题

1. 定时/计数器工作于定时和计数方式时有何异同点？
2. 利用定时/计数器T0从P1.0输出周期为1 s、脉冲为20 ms的正脉冲信号，晶振频率为12 MHz，试设计程序。
3. 要求从P1.1引脚输出频率为1 000 MHz的方波，晶振频率为12 MHz，试设计程序。
4. 用定时的方式让8个灯亮1秒灭1秒。

# 第十章 单片机串行口的应用

### 学习目标

1. 了解串行通信的基本概念
2. 理解串行通信的工作原理
3. 掌握串行通信的使用方法

## 第一节 串行通信基础

通信是人们传递信息的方式。计算机通信是将计算机技术和通信技术相结合,完成计算机与外部设备或计算机与计算机之间的信息交换。这种信息交换可以分为两大类:并行通信与串行通信。

并行通信是将数据字节的各位用多条数据线同时进行传送,如图10.1所示。

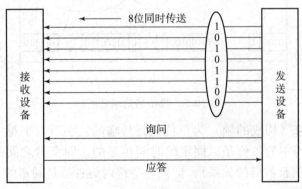

图 10.1 并行通信示意图

由图可见,并行通信除了数据线外还有通信联络控制线。数据发送方在发送数据前,要询问数据接收方是否"准备就绪"。数据接收方收到数据后,要向数据发送方回送数据已经接收到的"应答"信号。

并行通信的特点是:控制简单、传输速度快;由于传输线较多,长距离传送时成本高且接收方的各位同时接收存在困难。

串行通信是将数据字节分成一位一位的形式在一条传输线上逐个地传送，如图10.2所示。串行通信时，数据发送设备先将数据代码由并行形式转换成串行形式，然后一位一位地放在传输线上进行传送。数据接收设备将接收到的串行形式数据转换成并行形式进行存储或处理。

图10.2　串行通信示意图

串行通信的特点是：传输线少，长距离传送时成本低，且可以利用电话网等现成的设备，但数据的传送控制比并行通信复杂。

## 一、串行通信的基本概念

对于串行通信，数据信息、控制信息要按位在一条线上依次传送，为了对数据和控制信息进行区分，收发双方要事先约定共同遵守的通信协议。通信协议约定的内容包括数据格式、同步方式、传输速率、校验方式等。依发送与接收设备时钟的配置情况串行通信可以分为异步通信和同步通信。

1. 异步通信

异步通信是指通信的发送设备与接收设备使用各自的时钟控制数据的发送和接收过程。为使双方的收发协调，要求发送和接收设备的时钟尽可能一致。异步通信示意图如图10.3所示。

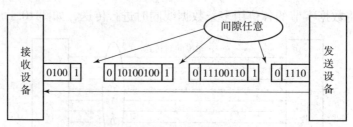

图10.3　异步通信示意图

异步通信是以字符（构成的帧）为单位进行传输的，字符与字符之间的间隙（时间间隔）任意，但每个字符中的各位是以固定的时间传送的，即字符之间是异步的（字符之间不一定有"位间隔"的整数倍的关系），但同一字符内的各位是同步的（各位之间的距离均为"位间隔"的整数倍）。

为了实现异步传输字符的同步，采用的办法是使传送的每一个字符都以起始位"0"开始，以停止位"1"结束。这样，传送的每一个字符都用起始位来进行收发双方的同步。停止位和间隙作为时钟频率偏差的缓冲，即使双方时钟频率略有偏差，总的数据流也不会因偏差的积累而导致数据错位。异步通信的数据格式如图10.4所示。

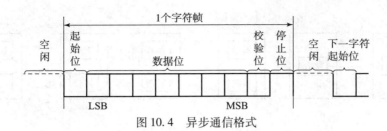

图 10.4　异步通信格式

由图可见，异步通信的每帧数据由 4 部分组成：起始位（占 1 位）、字符代码数据位（占 5～8 位）、奇偶校验位（占 1 位，也可以没有校验位）、停止位（占 1 或 2 位）。图中给出的是 7 位数据位、1 位奇偶校验位和 1 位停止位，加上固定的 1 位起始位，共 10 位组成一个传输帧。传送时数据的低位在前，高位在后。字符之间允许有不定长度的空闲位。起始位"0"作为联络信号，它告诉收方传送的开始，接下来的是数据位和奇偶校验位，停止位"1"表示一个字符的结束。

传送开始后，接收设备不断检测传输线，看是否有起始位到来。当收到一系列的"1"（空闲位或停止位）之后，检测到一个"0"，说明起始位出现，就开始接收所规定的数据位和奇偶校验位以及停止位。经过处理将停止位去掉，把数据位拼成一个并行字节，并且经校验无误才算正确地接收到一个字符。一个字符接收完毕后，接收设备又继续测试传输线，监视"0"电平的到来（下一个字符开始），直到全部数据接收完毕。

异步通信的特点是：不要求收发双方时钟的严格一致，实现容易，设备开销较小，但每个字符要附加 2～3 位用于起止位，各帧之间还有间隔，因此传输效率不高。

2．同步通信

同步通信时要建立发送方时钟对接收方时钟的直接控制，使双方达到完全同步。此时，传输数据的位之间的距离均为"位间隔"的整数倍，同时传送的字符间不留间隙，既保持位同步关系，也保持字符同步关系。发送方对接收方的同步可以通过两种方法实现，如图10.5 所示。

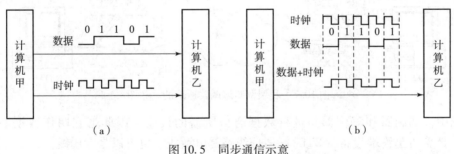

图 10.5　同步通信示意
(a) 外同步；(b) 自同步

同步通信的特点是：以同步字符或特定的位组合"01111110"作为帧的开始，所传输的一帧数据可以是任意位。所以传输的效率较高，但实现的硬件设备比异步通信复杂。

## 二、串行通信的传输方向

串行通信依数据传输的方向及时间关系可分为：单工、半双工和全双工。如图 10.6

所示。

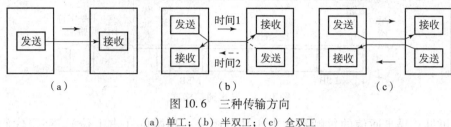

图10.6 三种传输方向
(a) 单工；(b) 半双工；(c) 全双工

1. 单工

单工是指数据传输仅能沿一个方向，不能实现反向传输，如图10.6 (a) 所示。

2. 半双工

半双工是指数据传输可以沿两个方向，但需要分时进行，如图10.6 (b) 所示。

3. 全双工

全双工是指数据可以同时进行双向传输，如图10.6 (c) 所示。

## 三、信号的调制与解调

计算机的通信要求传送的是数字信号。在远程数据通信时，通常要借用现存的公用电话网。但是电话网是为 300~3 400 Hz 的音频模拟信号设计的，对二进制数据的传输是不合适的。为此在发送时需要对二进制数据进行调制，使之适合在电话网上传输。在接收时，需要进行解调以将模拟信号还原成数字信号。

利用调制器（Modulator）把数字信号转换成模拟信号，然后送到通信线路上去，再由解调器（Demodulator）把从通信线路上收到的模拟信号转换成数字信号。由于通信是双向的，调制器和解调器合并在一个装置中，这就是调制解调器 MODEM，如图10.7所示。

图10.7 利用调制解调器通信的示意图

在图中，调制器和解调器是进行数据通信所需的设备，因此把它叫作数据通信设备（DCE）。计算机是终端设备（DTE），通信线路是电话线，也可以是专用线。

## 四、串行通信的错误校验

在通信过程中往往要对数据传送的正确与否进行校验。校验是保证准确无误地传输数据的关键。常用的校验方法有奇偶校验、代码和校验及循环冗余校验。

1. 奇偶校验

在发送数据时，数据位尾随的1位为奇偶校验位（"1" 或 "0"）。当约定为奇校验时,数据中"1"的个数与校验位"1"的个数之和应为奇数;当约定为偶校验时,数据中"1"的个数与校验位"1"的个数之和应为偶数。接收方与发送方的校验方式应一致。接收字符时,对"1"的个数进行校验,若发现不一致,则说明传输数据过程中出现了差错。

2. 代码和校验

代码和校验是发送方将所发数据块求和(或各字节异或),产生一个字节的校验字符(校验和)附加到数据块末尾。接收方接收数据同时对数据块(除校验字节外)求和(或各字节异或),将所得的结果与发送方的"校验和"进行比较,相符则无差错,否则即认为传送过程中出现了差错。

3. 循环冗余校验

这种校验是通过某种数学运算实现有效信息与校验位之间的循环校验,常用于对磁盘信息的传输、存储区的完整性校验等。这种校验方法纠错能力强,广泛应用于同步通信中。

## 五、传输速率与传输距离

1. 传输速率

数据的传输速率可以用比特率表示。比特率是每秒钟传输二进制代码的位数,单位是:位/秒(b/s)。如每秒钟传送240个字符,而每个字符格式包含10位(1个起始位、1个停止位、8个数据位),这时的比特率为

$$10 \text{ 位}/\text{个} \times 240 \text{ 个}/\text{秒} = 2\,400 \text{ b/s}$$

应注意的是,在数据通信中常用波特率表示每秒钟调制信号变化的次数,单位是:波特(Baud)。波特率和比特率不总是相同的,如每个信号(码元)携带1个比特的信息,比特率和波特率就相同。如1个信号(码元)携带2个比特的信息,则比特率就是波特率的2倍。对于将数字信号"1"或"0"直接用两种不同电压表示的所谓基带传输,波特率和比特率是相同的。所以,我们也经常用波特率表示数据的传输速率。

2. 传输距离与传输速率的关系

串行接口或终端直接传送串行信息位流的最大距离与传输速率及传输线的电气特性有关。当传输线使用每0.3 m(约1ft)有50 pF电容的非平衡屏蔽双绞线时,传输距离随传输速率的增加而减小。当比特率超过1 000 b/s时,最大传输距离迅速下降,如9 600 b/s时最大距离下降到只有76 m(约250 ft)。

## 六、串行通信 RS–232C 接口标准

RS–232 是 EIA(美国电子工业协会)于1962年制定的标准。RS 表示 EIA 的"推荐标准",232 为标准编号。1969 年修订为 RS–232C,1987 年修订为 EIA–232D,1991 年修订为 EIA–232E,1997 年又修订为 EIA–232F。由于修改的不多,所以人们习惯于早期的名字"RS–232C"。

RS–232C 定义了数据终端设备(DTE)与数据通信设备(DCE)之间的物理接口标准。接口标准包括机械特性、功能特性和电气特性几方面内容。

1. 机械特性

RS-232C 接口规定使用 25 针连接器,连接器的尺寸及每个插针的排列位置都有明确的定义。在一般的应用中并不一定用到 RS-232C 标准的全部信号线,所以,在实际应用中常常使用 9 针连接器替代 25 针连接器。连接器引脚定义如图 10.8 所示。图中所示为阳头定义,通常用于计算机侧,对应的阴头用于连接线侧。

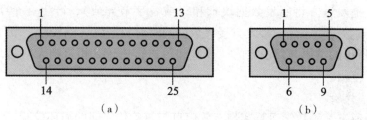

图 10.8　DB-25(阳头)和 DB-9(阳头)连接器定义
(a) DB-25;(b) DB-9

2. 功能特性

RS-232C 标准接口的主要信号线的功能定义如表 10.1 所示。

表 10.1　RS-232C 标准接口主要引脚定义

| 插针序号 | 信号名称 | 功能 | 信号方向 |
| --- | --- | --- | --- |
| 1 | PGND | 保护接地 | |
| 2 (3) | TXD | 发送数据(串行输出) | DTE→DCE |
| 3 (2) | RXD | 接收数据(串行输入) | DTE←DCE |
| 4 (7) | RTS | 请求发送 | DTE→DCE |
| 5 (8) | CTS | 允许发送 | DTE←DCE |
| 6 (6) | DSR | DCE 就绪(数据建立就绪) | DTE←DCE |
| 7 (5) | SGND | 信号接地 | |
| 8 (1) | DCD | 载波检测 | DTE←DCE |
| 20 (4) | DTR | DTE 就绪(数据终端准备就绪) | DTE→DCE |
| 22 (9) | RI | 振铃指示 | DTE←DCE |

注:插针序号"( )"内为 9 针非标准连接器的引脚号。

3. 电气特性

RS-232C 采用负逻辑电平,规定 DC(-3~-15 V)为逻辑"1",DC(+3~+15 V)为逻辑"0"。

-3~+3 V 为过渡区,不作定义,如图 10.9 所示。

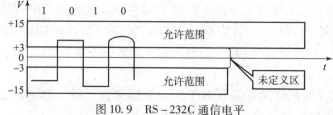

图 10.9　RS-232C 通信电平

应注意，RS-232C 的逻辑电平与通常的 TTL 和 MOS 电平不兼容，为了实现与 TTL 或 MOS 电路的连接，要外加电平转换电路。

# 第二节 80C51 单片机的串行接口

80C51 系列单片机有一个可编程的全双工串行通信口，它可作为 UART（通用异步收发器），也可作同步移位寄存器。其帧格式可为 8 位、10 位或 11 位，并可以设置多种不同的波特率。通过引脚 RXD（P3.0 串行数据接收引脚）和引脚 TXD（P3.1 串行数据发送引脚）与外界进行通信。

## 一、80C51 串行接口的结构

80C51 串行接口的内部简化结构如图 10.10 所示。

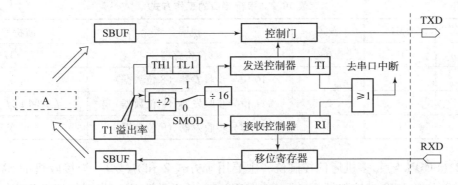

图 10.10 串行接口简化结构

图中有两个物理上独立的接收、发送缓冲器 SBUF，它们占用同一地址 99H，可同时发送、接收数据。发送缓冲器只能写入，不能读出；接收缓冲器只能读出，不能写入。串行发送与接收的速率与移位时钟同步，定时器 T1 作为串行通信的波特率发生器，T1 溢出率经 2 分频（或不分频）又经 16 分频作为串行发送或接收的移位时钟。移位时钟的速率即波特率。

接收器是双缓冲结构，由于在前一个字节从接收缓冲器读出之前，就开始接收第二个字节（串行输入至移位寄存器），若在第二个字节接收完毕而前一个字节未被读走时，就会丢失前一个字节的内容。串行接口的发送和接收都是以特殊功能寄存器 SBUF 的名称进行读或写的，当向 SBUF 发"写"命令时，即是向发送缓冲器 SBUF 装载并开始由 TXD 引脚向外发送一帧数据，发送完后便使发送中断标志 TI=1；在串行接口接收中断标志 RI（SCON.0）=0 的条件下，置允许接收位 REN（SCON.4）=1 就会启动接收过程，一帧数据进入输入移位寄存器，并装载到接收 SBUF 中，同时使 RI=1。执行读 SBUF 的命令，则可以由接收缓冲器 SBUF 取出信息并通过内部总线送 CPU。

对于发送缓冲器，因为发送时 CPU 是主动的，不会产生重叠错误。

## 二、80C51 串行接口的控制寄存器

单片机串行接口是可编程的，对它初始化编程只需将两个控制字分别写入特殊功能寄存器 SCON（98H）和电源控制寄存器 PCON（97H）即可。

### 1. 串行控制寄存器 SCON

串行控制寄存器 SCON 是一个特殊功能寄存器，用以设定串行接口的工作方式、接收/发送控制以及设置状态标志。字节地址为 98H，可进行位寻址，其格式为：

| 位号 | 7 | 6 | 5 | 4 | 3 | 2 | 1 | 0 | |
|------|---|---|---|---|---|---|---|---|---|
| SCON | SM0 | SM1 | SM2 | REN | TB8 | RB8 | TI | RI | 字节地址：98H |

SM0 和 SM1（SCON.7 和 SCON.6）：串行接口工作方式选择位，可选择 4 种工作方式，如表 10.2 所示。

表 10.2 串行接口的工作方式

| SM0 | SM1 | 方式 | 说明 | 波特率 |
|---|---|---|---|---|
| 0 | 0 | 0 | 移位寄存器 | $f_{osc}/12$ |
| 0 | 1 | 1 | 10 位异步收发器（8 位数据） | 可变 |
| 1 | 0 | 2 | 11 位异步收发器（9 位数据） | $f_{osc}/64$ 或 $f_{osc}/32$ |
| 1 | 1 | 3 | 11 位异步收发器（9 位数据） | 可变 |

SM2（SCON.5）：多机通信控制位，主要用于方式 2 和方式 3。当接收机的 SM2 = 1 时可以利用收到的 RB8 来控制是否激活 RI（RB8 = 0 时不激活 RI，收到的信息丢弃；RB8 = 1 时收到的数据进入 SBUF，并激活 RI，进而在中断服务中将数据从 SBUF 读走）。当 SM2 = 0 时，不论收到的 RB8 为"0"或"1"，均可以使收到的数据进入 SBUF，并激活 RI（即此时 RB8 不具有控制 RI 激活的功能）。通过控制 SM2，可以实现多机通信。

方式 0 和方式 1 不是多机通信方式，在这两种方式时要置 SM2 = 0。

REN（SCON.4）：允许串行接收位。由软件置 REN = 1，则启动串行接口接收数据；若软件置 REN = 0，则禁止接收。

TB8（SCON.3）：在方式 2 或方式 3 中，是发送数据的第 9 位，可以用软件规定其作用。可以用作数据的奇偶校验位，或在多机通信中，作为地址帧/数据帧的标志位。

在方式 0 和方式 1 中，该位未用。

RB8（SCON.2）：在方式 2 或方式 3 中，是接收到数据的第 9 位，作为奇偶校验位或地址帧/数据帧的标志位。在方式 0 时不用 RB8（置 SM2 = 0）。在方式 1 时也不用 RB8（进入 RB8 的是停止位，置 SM2 = 0）。

TI（SCON.1）：发送中断标志位。在方式 0 时，当串行发送第 8 位数据结束时，或在其他方式，串行发送停止位的开始时，由内部硬件使 TI 置"1"，向 CPU 发中断申请。在中断服务程序中，必须用软件将其清"0"，取消此中断申请。

RI（SCON.0）：接收中断标志位。在方式 0 时，当串行接收第 8 位数据结束时，或在其他方式，串行接收停止位时，由内部硬件使 RI 置"1"，向 CPU 发中断申请。必须在中断服

务程序中，用软件将其清"0"，取消此中断申请。

2. 电源控制寄存器 PCON（97H）

在电源控制寄存器 PCON 中只有一位 SMOD 与串行接口工作有关，其格式为：

| 位号 | 7 | 6 | 5 | 4 | 3 | 2 | 1 | 0 | |
|---|---|---|---|---|---|---|---|---|---|
| PCON | SMOD | | | | | | | | 字节地址：97H |

SMOD（PCON.7）：波特率倍增位。在串行接口方式1、方式2、方式3时，波特率与 SMOD 有关，当 SMOD=1 时，波特率提高一倍。复位时，SMOD=0。

## 三、波特率的计算

在串行通信中，收发双方对发送或接收数据的速率要有约定。通过软件可对单片机串行接口编程为四种工作方式，其中方式0和方式2的波特率是固定的，而方式1和方式3的波特率是可变的，由定时器 T1 的溢出率来决定。

串行接口的四种工作方式对应三种波特率。由于输入的移位时钟的来源不同，所以，各种方式的波特率计算公式也不相同。

方式 0 的波特率 = $f_{osc}/12$

方式 2 的波特率 = $(2^{SMOD}/64) \cdot f_{osc}$

方式 1 的波特率 = $(2^{SMOD}/32) \cdot$（T1 溢出率）

方式 3 的波特率 = $(2^{SMOD}/32) \cdot$（T1 溢出率）

当 T1 作为波特率发生器时，最典型的用法是使 T1 工作在自动再装入的 8 位定时器方式（即方式2，且 TCON 的 TR1=1，以启动定时器）。这时溢出率取决于 TH1 中的计数值。

T1 溢出率 = $f_{osc}/\{12 \times [256-(TH1)]\}$

在单片机的应用中，常用的晶振频率为：12 MHz 和 11.059 2 MHz。所以，选用的波特率也相对固定。常用的串行接口波特率以及各参数的关系如表 10.3 所示。

表 10.3 常用波特率与定时器 1 的参数关系

| 串口工作方式及波特率/(b·s⁻¹) | | $f_{osc}$/MHz | SMOD | 定时器 T1 | | |
|---|---|---|---|---|---|---|
| | | | | C/T | 工作方式 | 初值 |
| 方式2 | 62.5K | 12 | 1 | 0 | 2 | FFH |
| 方式2 | 19.2K | 11.059 2 | 1 | 0 | 2 | FDH |
| 方式2 | 9 600 | 11.059 2 | 0 | 0 | 2 | FDH |
| 方式2 | 4 800 | 11.059 2 | 0 | 0 | 2 | FAH |
| 方式0 或方式3 | 2 400 | 11.059 2 | 0 | 0 | 2 | F4H |
| 方式0 或方式3 | 1 200 | 11.059 2 | 0 | 0 | 2 | E8H |

在使用串行接口前，应对其进行初始化，主要是设置产生波特率的定时器1、串行接口控制和中断控制。具体步骤如下：

（1）确定 T1 的工作方式（设置 TMOD 寄存器）；

（2）计算 T1 的初值，装载 TH1、TL1；

（3）启动 T1（设置 TCON 中的 TR1 位）；

（4）确定串行接口控制（设置 SCON 寄存器）；

（5）串行接口在中断方式工作时，要进行中断设置（设置 IE、IP 寄存器）。

## 第三节　单片机串行接口应用举例

### 一、实验任务

通过串口向计算机发送中英文字符串和字符（英文字符串：I LOVE CHINA；中文字符串：萝卜白菜—各有所爱），然后从机等待接收主机发送来的数据，当从机接收到主机发送来的数据后，将此数据再发送回主机。

### 二、实验电路

实验电路如图 10.11 所示。

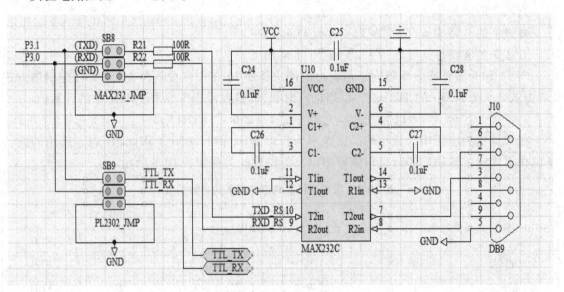

图 10.11　实验电路

### 三、实验步骤

接上对应的连线，使芯片的串行端口（RXD：P3.0；TXD：P3.1）与 RS-232 接口芯片 MAX232C 连接。

上位机使用"串口调试助手"串口调试程序。"串口调试助手"参数设定如图 10.12 所示。

端口号：COM1（实际使用的端口号）；

波特率：9600

数据位：8；校验位：None；停止位：1。

将接收信息框（左上信息框）显示模式均设置为文本模式。

将发送信息框（左下信息框）显示模式均设置为文本模式。

注意：串口下载线和串口调试助手用的同一个串口，下载和调试不能同时并行，否则会发生串口冲突，因此下载程序时需要关闭串口。

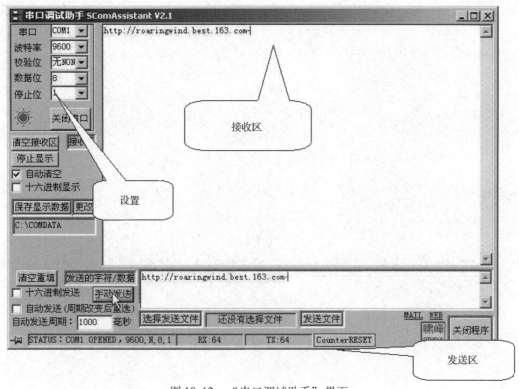

图 10.12 "串口调试助手"界面

## 四、C 语言源程序

```
/*****************************************************发送区
实验名称:串行口通信 *
* 工作芯片:STC89C52,晶振频率:11.059 2 MHz *
*****************************************************
* 描述：*
*1.单片机发送字符串给主机 *
*2.将接收的数据再发回主机 *
*****************************************************/
#include <reg52.h>
```

```c
#include <intrins.h>
#define uint unsigned int
#define uchar unsigned char
uchar code str1[] = "L LOVE CHINA \n ";
uchar code str2[] = "萝卜白菜—各有所爱 \n ";
/***************************************************************
                    延时子程序:延时 x ms
***************************************************************/
void delayms(uint xms)
{
    uchar i;
    while(xms --)
    {
        for(i = 0;i < 114;i ++);
    }
}
/***************************************************************
                    发送数据子函数
***************************************************************/
void txdata(uchar dat)
{
    SBUF = dat;          //发送数据
    while(! TI);         //等待数据发送完中断
    TI = 0;              //清中断标志
}
/***************************************************************
                    接收数据子函数
***************************************************************/
uchar rxdata()
{
    uchar dat;
    while(! RI);         //等待数据接收完
    dat = SBUF;          //接收数据
    RI = 0;              //清中断标志
    return (dat);
}
/***************************************************************
                    传送字符串函数
***************************************************************/
```

```c
void send_str(uchar str[])
{
    uchar i = 0;
    while (str[i] != '\0')
    {
        SBUF = str[i ++];
        while (! TI);        //等待数据传送完毕
        TI = 0;              //清中断标志
    }
}
/***************************************************************
                              主函数
***************************************************************/
void main(void)
{
    uchar buff;
    SCON = 0x50;          //设定串口工作方式1,接收使能
    PCON = 0x00;          //波特率不倍增
    TMOD = 0x20;          //定时器1工作于8位自动重载模式,用于产生波特率
    EA = 1;
    TL1 = 0xfd;
    TH1 = 0xfd;           //波特率为9600
    TR1 = 1;
    delayms(10);
    send_str(str1);       //发送英文字符串
    delayms(100);
    send_str(str2);       //发送中文字符串
    delayms(100);
    txdata('O');
    txdata('K');
    txdata('\n');         //换行
    delayms(100);
    while (1)
    {
        buff = rxdata();  //接收数据
        txdata(buff);     //发送数据
    }
}
/***************************************************************
```

### 五、实验现象

单片机上电复位以后在串口助手中显示发送的英文字符串和中文字符串，然后进入主循环体，不断地检测上位机发送给单片机的字符数据，单片机接收到以后重发给上位机，在"串口调试助手"接收框中显示。

## 本 章 小 结

集散控制和多微机系统以及现代测控系统中信息的交换经常采用串行通信。串行通信有异步通信和同步通信两种方式。异步通信是按字符传输的，每传送一个字符，就用起始位来进行收发双方的同步；同步串行通信进行数据传送时，发送和接收双方要保持完全的同步，因此要求接收和发送设备必须使用同一时钟。同步传送的优点是可以提高传送速率（达56K波特率或更高），但硬件比较复杂。

串行通信中，按照在同一时刻数据流的方向可分成两种基本的传送模式，这就是全双工和半双工。

RS-232C通信接口是一种广泛使用的标准的串行接口，信号线根数少，有多种可供选择的信息传送速率，但信号传输距离仅为几十米。

80C51单片机串行接口有4种工作方式：同步移位寄存器输入/输出方式、8位异步通信方式及波特率不同的两种9位的异步通信方式。

方式0和方式2的波特率是固定的，而方式1和方式3的波特率是可变的，由定时器T1的溢出率来决定。

在工控系统（尤其是多点现场工控系统）设计实践中，单片机与PC机组合构成分布式控制系统是一个重要的发展方向。

### 练习题

1. 80C51单片机串行接口有几种工作方式？如何选择？简述其特点。
2. 串行通信的接口标准有哪几种？
3. 在串行通信中通信速率与传输距离之间的关系如何？
4. 把自己的小写英文名字发送给单片机，单片机返回大写的名字。
5. 将串口收发写成中断方式收发数据。

# 第十一章 I²C 总线的应用

**学习目标**

1. 熟悉 I²C 协议的基本概念
2. 如何使用 I²C 协议进行通信
3. 掌握使用 51 单片机进行 I²C 通信的基本方法

上一章中我们学习了单片机的串行通信相关的知识点，了解了串口通信协议的构成，学会了使用串口 UART 进行数据的传输。本章中我们要来学习第二种常用的通信协议 I²C。I²C 总线是由 Philips 公司开发的两线式串行总线，它是 Inter – Integrated Circuit 的缩写，即集成电路总线，I²C 一般多用于连接微处理器及其外围芯片。I²C 总线的主要特点是接口方式简单，控制方式简单，通信速率高等。它采用数据线 SDA 和时钟线 SCL 构成通信线路，各器件可通过并联到总线上实现数据收发，器件间彼此独立，通过唯一的总线地址区分。两条线可以挂多个参与通信的器件，即多机模式，而且任何一个器件都可以作为主机，当然同一时刻只能有一个主机。

从通信方式上来说，UART 属于异步通信，比如计算机发送给单片机，计算机只负责把数据通过 TXD 发送出来即可，接收数据是单片机自己的事情。而 I²C 属于同步通信，SCL 时钟线负责收发双方的时钟节拍，SDA 数据线负责传输数据。I²C 的发送方和接收方都以 SCL 这个时钟节拍为基准进行数据的发送和接收。

从应用上来讲，UART 通信多用于板间通信，比如单片机和计算机，一个设备和另外一个设备之间的通信。而 I²C 多用于板内通信，比如单片机和我们本章要学的 EEPROM 之间的通信。

## 第一节 初识 I²C

### 一、I²C 的协议构成

在硬件上，I²C 总线是由时钟总线 SCL 和数据总线 SDA 两条线构成，连接到总线上的所有器件的 SCL 都连到一起，所有 SDA 都连到一起。I²C 总线是开漏引脚并联的结构，因此其外部要添加上拉电阻。对于开漏电路外部加上拉电阻，就组成了线"与"的关系。总线上线"与"的关系就是说，所有接入的器件保持高电平，这条线才是高电平，而任何一个器件输出一个低电平，那这条线就会保持低电平，因此可以做到任何一个器件都可以拉低线路的电平，也就是任何一个器件都可以作为主机，如图 11.1 所示，通常添加两个上拉电阻。

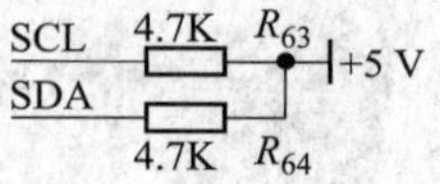

图 11.1  I²C 总线的上拉电阻

虽然说任何一个设备都可以作为主机，但绝大多数情况下都是用单片机来做主机，而总线上挂的多个器件，每一个都像电话机一样有自己唯一的地址，在信息传输的过程中，通过这唯一的地址就可以正常识别到属于自己的信息。

在学习 UART 串行通信的时候，我们知道了通信数据分为起始位、数据位、停止位这三部分，同理在 I²C 中也有起始信号、数据传输和停止信号，如图 11.2 所示。

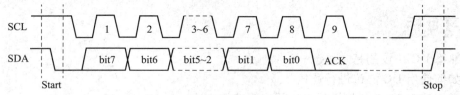

图 11.2  I²C 时序流程图

从图 11.2 可以看出来，I²C 和 UART 时序流程既有相似性，也有一定的区别。UART 每个字节中，都有一个起始位、8 个数据位、1 个停止位。而 I²C 分为起始信号、数据传输部分、停止信号。其中数据传输部分，可以在一次通信过程中传输很多个字节，字节数是不受限制的，而每个字节的数据最后也跟了一位，这一位叫作应答位，通常用 ACK 表示，有点类似于 UART 的停止位。

下面我们一部分一部分地把 I²C 通信时序进行剖析。之前我们已经学过了 UART，所以学习 I²C 的过程尽量拿 UART 来作为对比，这样有助于更好地理解。但是有一点要理解清楚，就是 UART 通信虽然用了 TXD 和 RXD 两根线，但是实际一次通信中，1 根线就可以完成，2 根线是把发送和接收分开而已，而 I²C 每次通信，不管是发送还是接收，必须 2 条线都参与工作才能完成，为了更方便地看出每一位的传输流程，把图 11.2 改进成图 11.3。

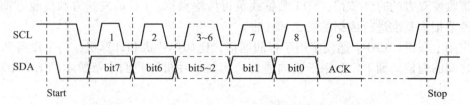

图 11.3  I²C 通信流程解析

起始信号：UART 通信是从一直持续的高电平出现一个低电平标志起始位；而 I²C 通信的起始信号的定义是 SCL 为高电平期间，SDA 由高电平向低电平变化产生一个下降沿时，表示起始信号，如图 11.3 中的 Start 部分所示。

数据传输：首先，UART 是低位在前，高位在后；而 I²C 通信是高位在前，低位在后。其次，UART 通信数据位是固定长度，波特率分之一，一位一位固定时间发送完毕就可以了。而 I²C 没有固定波特率，但是有时序的要求，要求当 SCL 在低电平的时候，SDA 允许变化，也就是说，发送方必须先保持 SCL 是低电平，才可以改变数据线 SDA，输出要发送的当前数据的一位；而当 SCL 在高电平的时候，SDA 绝对不可以变化，因为这个时候，接收方要来读取当前 SDA 的电平信号是"0"还是"1"，因此要保证 SDA 的稳定，如图 11.3 中的每一位数据的变化，都是在 SCL 的低电平位置。8 位数据位后边跟着的是一位应答位，应答位将在后面具体介绍。

停止信号：UART 通信的停止位是一位固定的高电平信号；而 I²C 通信停止信号的定义是 SCL 为高电平期间，SDA 由低电平向高电平变化产生一个上升沿时，表示结束信号，如图 11.3 中的 Stop 部分所示。

## 二、I²C 寻址模式

上一节介绍的是 I²C 每一位信号的时序流程，而 I²C 通信在字节级的传输中，也有固定的时序要求。在 I²C 通信的起始信号（Start）后，首先要发送一个从机的地址，这个地址一共有 7 位，紧跟着的第 8 位是数据方向位（R/W），"0"表示接下来要发送数据（写），"1"表示接下来是请求数据（读）。

我们知道，打电话的时候，拨通电话后，接听方捡起电话肯定要回一个"喂"，这就是告诉拨电话的人，这边有人了。同理，这个第 9 位 ACK 实际上起到的就是这样一个作用。

当发送完这 7 位地址和 1 位方向后，如果发送的这个地址确实存在，那么这个地址的器件应该回应一个 ACK（拉低 SDA 即输出"0"），如果不存在，就没"人"回应 ACK（SDA 将保持高电平即"1"）。

那我们写一个简单的程序，访问一下板子上的 EEPROM 的地址，另外再写一个不存在的地址，看看它们是否能回一个 ACK，来了解和确认一下这个问题。

常用的 EEPROM 器件型号以 AT24C02 居多，在 AT24C02 的数据手册中可查到，AT24C02 的 7 位地址中，其中高 4 位是固定的 0b1010，而低 3 位的地址取决于具体电路的设计，由芯片上的 A2、A1、A0 这 3 个引脚的实际电平决定。对于 AT24C02 的原理图，它和 AT24C01 的原理图完全一样，如图 11.4 所示。

从图 11.4 可以看出，A2、A1、A0 都是接的 GND，也就是说都是 0，因此 AT24C02 的 7 位地址实际上是二进制的 0b1010000，也就是 0x50。我们用 I²C 的协议来寻址 0x50，另外再寻址一个不存在的地址 0x62，寻址完毕后，把返回的 ACK 显示到 LCD1602 液晶上，进行二者的对比。

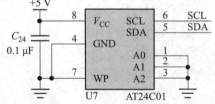

图 11.4 AT24C02 原理图

```
/******************LCD1602.c 文件程序源代码********************/
#include <reg52.h>
#define LCD1602_DB P0
sbit LCD1602_RS = P1^0;
sbit LCD1602_RW = P1^1;
```

```c
sbit LCD1602_E = P1^5;
/*等待液晶准备好*/
void LcdWaitReady()
{
    unsigned char sta;
    LCD1602_DB = 0xFF;
    LCD1602_RS = 0;
    LCD1602_RW = 1;
    do {
        LCD1602_E = 1;
        sta = LCD1602_DB;   //读取状态字
        LCD1602_E = 0;
    }
    while (sta & 0x80);   //bit7 等于1表示液晶正忙,重复检测直到其等于0为止
}
/*向LCD1602液晶写入一字节命令,cmd为待写入命令值*/
void LcdWriteCmd(unsigned char cmd)
{
    LcdWaitReady();
    LCD1602_RS = 0;
    LCD1602_RW = 0;
    LCD1602_DB = cmd;
    LCD1602_E = 1;
    LCD1602_E = 0;
}
/*向LCD1602液晶写入一字节数据,dat为待写入数据值*/
void LcdWriteDat(unsigned char dat)
{
    LcdWaitReady();
    LCD1602_RS = 1;
    LCD1602_RW = 0;
    LCD1602_DB = dat;
    LCD1602_E = 1;
    LCD1602_E = 0;
}
/*设置显示RAM起始地址,亦即光标位置,(x,y)为对应屏幕上的字符坐标*/
void LcdSetCursor(unsigned char x, unsigned char y)
{
    unsigned char addr;
    if (y == 0)   //由输入的屏幕坐标计算显示RAM的地址
```

```
        addr = 0x00 + x;//第一行字符地址从 0x00 起始
    else
        addr = 0x40 + x;//第二行字符地址从 0x40 起始
    LcdWriteCmd( addr | 0x80);//设置 RAM 地址
}
/*在液晶上显示字符串,(x,y)为对应屏幕上的起始坐标,str 为字符串指针 */
void LcdShowStr(unsigned char x,unsigned char y,unsigned char *str)
{
    LcdSetCursor(x,y);//设置起始地址
    while ( *str != '\0')//连续写入字符串数据,直到检测到结束符
    {
        LcdWriteDat( *str ++);
    }
}


/*初始化 1602 液晶 */
void InitLcd1602()
{
        LcdWriteCmd(0x38);//16*2 显示,5*7 点阵,8 位数据接口
        LcdWriteCmd(0x0C);//显示器开,光标关闭
        LcdWriteCmd(0x06);//文字不动,地址自动 +1
        LcdWriteCmd(0x01);//清屏
}

/**************main.c 文件程序源代码*************************/

#include <reg52.h>
#include <intrins.h>

#define I2CDelay(){_nop_();_nop_();_nop_();_nop_();}
sbit I2C_SCL = P3^7;
sbit I2C_SDA = P3^6;

bit I2CAddressing(unsigned char addr);
extern void InitLcd1602();
 extern void LcdShowStr(unsigned char x, unsigned char y,unsigned char *str);
```

```c
void main()
{
    bit ack;
    unsigned char str[10];
    
    InitLcd1602();          //初始化液晶
    
    ack = I2CAddressing(0x50);   //查询地址为 0x50 的器件
    str[0] = '5';                           //将地址和应答值转换为字符串
    str[1] = '0';
    str[2] = ':';
    str[3] = (unsigned char)ack + '0';
    str[4] = '\0';
    LcdShowStr(0,0,str);         //显示到液晶上
    
    ack = I2CAddressing(0x62);   //查询地址为 0x62 的器件
    str[0] = '6';                           //将地址和应答值转换为字符串
    str[1] = '2';
    str[2] = ':';
    str[3] = (unsigned char)ack + '0';
    str[4] = '\0';
    LcdShowStr(8,0,str);         //显示到液晶上
    
    while (1);
}
/* 产生总线起始信号 */
void I2CStart()
{
    I2C_SDA = 1;    //首先确保 SDA、SCL 都是高电平
    I2C_SCL = 1;
    I2CDelay();
    I2C_SDA = 0;    //先拉低 SDA
    I2CDelay();
    I2C_SCL = 0;    //再拉低 SCL
}
/* 产生总线停止信号 */
void I2CStop()
```

```c
    I2C_SCL = 0;      //首先确保 SDA、SCL 都是低电平
    I2C_SDA = 0;
    I2CDelay();
    I2C_SCL = 1;      //先拉高 SCL
    I2CDelay();
    I2C_SDA = 1;      //再拉高 SDA
    I2CDelay();
}
/* I²C 总线写操作,dat 为待写入字节,返回值为从机应答位的值 */
bit I2CWrite(unsigned char dat)
{
    bit ack;    //用于暂存应答位的值
    unsigned char mask;    //用于探测字节内某一位值的掩码变量

    for (mask = 0x80; mask != 0; mask >>= 1)    //从高位到低位依次进行
    {
        if ((mask&dat) == 0)    //该位的值输出到 SDA 上
            I2C_SDA = 0;
        else
            I2C_SDA = 1;
        I2CDelay();
        I2C_SCL = 1;            //拉高 SCL
        I2CDelay();
        I2C_SCL = 0;            //再拉低 SCL,完成一个位周期
    }
    I2C_SDA = 1;       //8 位数据发送完后,主机释放 SDA,以检测从机应答
    I2CDelay();
    I2C_SCL = 1;       //拉高 SCL
    ack = I2C_SDA;     //读取此时的 SDA 值,即为从机的应答值
    I2CDelay();
    I2C_SCL = 0;       //再拉低 SCL 完成应答位,并保持住总线
    return ack;        //返回从机应答值
}
/* I²C 寻址函数,即检查地址为 addr 的器件是否存在,返回值为从器件应答值 */
bit I2CAddressing(unsigned char addr)
{
    bit ack;
```

```
    I2CStart();    //产生起始位,即启动一次总线操作
    ack = I2CWrite(addr <<1);    //器件地址需左移一位,因寻址命令的最低位
                                //为读写位,用于表示之后的操作是读或写
    I2CStop();    //不需进行后续读写,而直接停止本次总线操作

    return ack;
}
```

如果把这个程序在开发板上运行完毕,会在液晶上边显示出我们预想的结果,主机发送一个存在的从机地址,从机会回复一个应答位,即应答位为"0";主机如果发送一个不存在的从机地址,就没有从机应答,即应答位为"1"。

利用库函数_nop_() 可以进行精确延时,一个_nop_() 的时间就是一个机器周期,这个库函数包含在 intrins.h 这个文件中,如果要使用这个库函数,只需要在程序最开始,和包含 reg52.h 一样,"include < intrins.h >" 之后,程序中就可以使用这个库函数了。还有一点要提一下,$I^2C$ 通信分为低速模式 100 Kb/s、快速模式 400 Kb/s 和高速模式 3.4 Mb/s。因为所有的 $I^2C$ 器件都支持低速,却未必支持另外两种速度,所以作为通用的 $I^2C$ 程序,我们选择 100 Kb/s 这个速率来实现,也就是说实际程序产生的时序必须小于等于 100 Kb/s 的时序参数,很明显也就是要求 SCL 的高低电平持续时间都不短于 5 μs,因此在时序函数中通过插入 I2CDelay() 这个总线延时函数(它实际上就是 4 个 NOP 指令,用 define 在文件开头做了定义),加上改变 SCL 值语句本身占用的至少一个周期,来达到这个速度限制。如果以后需要提高速度,那么只需要减小这里的总线延时时间即可。

此外我们要学习一个发送数据的技巧,就是 $I^2C$ 通信时如何将一个字节的数据发送出去。大家注意函数 I2CWrite() 中,用的那个 for 循环的技巧,"for (mask = 0x80; mask! = 0; mask >> = 1)",由于 $I^2C$ 通信是从高位开始发送数据,所以我们先从最高位开始,0x80 和 dat 进行按位"与"运算,从而得知 dat 第 7 位是"0"还是"1",然后右移一位,也就变成了用 0x40 和 dat 按位"与"运算,得到第 6 位是"0"还是"1",一直到第 0 位结束,最终通过 if 语句,把 dat 的 8 位数据依次发送了出去。其他的逻辑大家对照前边讲到的理论知识,认真研究明白就可以了。

## 第二节　EEPROM 的应用

在实际的应用中,保存在单片机 RAM 中的数据,掉电后就丢失了;保存在单片机的 Flash 中的数据,又不能随意改变,也就是不能用它来记录变化的数值。但是在某些场合,我们又确实需要记录下某些数据,而它们还时常需要改变或更新,掉电之后数据还不能丢失,比如家用电表度数、电子密码锁中保存的密码数据,一般都使用 EEPROM 来保存数据,特点就是掉电后不丢失。我们板子上使用的这个器件是 AT24C02,它是一个容量大小是 2 Kb,也就是 256 个字节的 EEPROM。一般情况下,EEPROM 拥有 30 万到 100 万次的寿命,也就是它可以反复写入 30 万~100 万次,而读取次数是无限的。

AT24C02 是一个基于 $I^2C$ 通信协议的 EEPROM 器件。$I^2C$ 是一个通信协议,它拥有严密的通信时序逻辑要求,而 EEPROM 是一个器件,只是这个器件采用了 $I^2C$ 协议的接口与单

片机相连而已，二者并没有必然的联系，EEPROM可以用其他接口，I²C也可以用在其他很多器件上。

## 一、EEPROM 单字节读写操作时序

### （一）EEPROM 写数据流程

第一步，首先是I²C的起始信号，接着跟上首字节，也就是前边讲的I²C的器件地址，并且在读写方向上选择"写"操作。

第二步，发送数据的存储地址。AT24C02一共有256个字节的存储空间，地址从0x00～0xFF，如果想把数据存储在哪个位置，此刻写的就是哪个地址。

第三步，发送要存储的数据的第一个字节、第二个字节等一直到第N个字节，注意在写数据的过程中，EEPROM每个字节都会回应一个应答位"0"，来告诉我们写EEPROM数据成功，如果没有回应答位，说明写入不成功。

在写数据的过程中，每成功写入一个字节，EEPROM存储空间的地址就会自动加1，当加到0xFF后，再写一个字节，地址会溢出又变成了0x00。

### （二）EEPROM 读数据流程

第一步，首先是I²C的起始信号，接着跟上首字节，也就是前边讲的I²C的器件地址，并且在读写方向上选择"写"操作。这个地方可能有同学会诧异，我们明明是读数据为何方向也要选"写"呢？刚才说过了，AT24C02一共有256个地址，我们选择写操作，是为了把所要读的数据的存储地址先写进去，告诉EEPROM将要读取哪个地址的数据。这就如同我们打电话，先拨总机号码（EEPROM器件地址），而后还要继续拨分机号码（数据地址），而拨分机号码这个动作，主机仍然是发送方，方向依然是"写"。

第二步，发送要读取的数据的地址，注意是地址而非存在EEPROM中的数据，通知EEPROM我要哪个分机的信息。

第三步，重新发送I²C起始信号和器件地址，并且在方向位选择"读"操作。这三步中，每一个字节实际上都是在"写"，所以每一个字节EEPROM都会回应一个应答位"0"。

第四步，读取从器件发回的数据，读一个字节，如果还想继续读下一个字节，就发送一个应答位"ACK（0）"，如果不想读了，告诉EEPROM，不想要数据了，别再发数据了，那就发送一个非应答位"NAK（1）"。

和写操作规则一样，我们每读一个字节，地址会自动加1，那如果想继续往下读，给EEPROM一个ACK（0）低电平，那再继续给SCL完整的时序，EEPROM会继续往外送数据。如果不想读了，要告诉EEPROM不要数据了，那就直接给一个NAK（1）高电平即可。这个地方大家要从逻辑上理解透彻，不能简单地靠死记硬背了，一定要理解明白。

梳理一下几个要点：①在本例中单片机是主机，AT24C02是从机；②无论是读是写，SCL始终都是由主机控制的；③写的时候应答信号由从机给出，表示从机是否正确接收了数据；④读的时候应答信号则由主机给出，表示是否继续读下去。

下面将编写一个程序，读取EEPROM的0x02这个地址上的一个数据，不管这个数据之

前是多少，都应该将读出来的数据加1，再写到EEPROM的0x02这个地址上。此外可将$I^2C$的程序建立一个文件，如写成I2C.c程序文件，以形成一个程序模块。大家也可以看出来，连续的这几个程序，与LCD1602.c文件里的程序都是一样的，今后大家写LCD1602显示程序时也可以直接拿过去用，大大提高了程序移植的方便性。

```c
/*******************I2C.c 文件程序源代码********************/
#include <reg52.h>
#include <intrins.h>
#define I2CDelay() \
{_nop_();_nop_();_nop_();_nop_();}
sbit I2C_SCL = P3^7;
sbit I2C_SDA = P3^6;
void I2CStart()              /* 产生总线起始信号 */
{
    I2C_SDA = 1;             //首先确保SDA、SCL都是高电平
    I2C_SCL = 1;
    I2CDelay();
    I2C_SDA = 0;             //先拉低SDA
    I2CDelay();
    I2C_SCL = 0;             //再拉低SCL
}

void I2CStop()               /* 产生总线停止信号 */
{
    I2C_SCL = 0;             //首先确保SDA、SCL都是低电平
    I2C_SDA = 0;
    I2CDelay();
    I2C_SCL = 1;             //先拉高SCL
    I2CDelay();
    I2C_SDA = 1;             //再拉高SDA
    I2CDelay();
}

bit I2CWrite(unsigned char dat)
{
    bit ack;//用于暂存应答位的值
    unsigned char mask;//用于探测字节内某一位值的掩码变量
    for (mask=0x80;mask!=0;mask>>=1)//从高位到低位依次进行
    {
        if ((mask&dat)==0)//该位的值输出到SDA上
            I2C_SDA = 0;
        else
```

```c
        I2C_SDA = 1;
            I2CDelay();
            I2C_SCL = 1;            //拉高 SCL
            I2CDelay();
            I2C_SCL = 0;            //再拉低 SCL,完成一个位周期
        }
        I2C_SDA = 1;                //8 位数据发送完后,主机释放 SDA,以检测从机应答
        I2CDelay();
        I2C_SCL = 1;                //拉高 SCL
        ack = I2C_SDA;              //读取此时的 SDA 值,即为从机的应答值
        I2CDelay();
        I2C_SCL = 0;                //再拉低 SCL 完成应答位,并保持住总线
        return ( ~ack);             //应答值取反以符合通常的逻辑:"0"表示不存在或忙
                                    //或写入失败,"1"表示存在且空闲或写入成功
    }
unsigned char I2CReadNAK()          //I²C 总线读操作,并发送非应答信号,
                                    //返回值为读到的字节
{
    unsigned char mask;
    unsigned char dat;
    I2C_SDA = 1;                    //首先确保主机释放 SDA
    for (mask = 0x80;mask! = 0;mask >> =1)   //从高位到低位依次进行
    {
        I2CDelay();
        I2C_SCL = 1;                //拉高 SCL
        if( I2C_SDA == 0)           //读取 SDA 的值
            dat & = ~mask;          //为"0"时,dat 中对应位清零
        else
            dat |= mask;            //为"1"时,dat 中对应位置"1"
        I2CDelay();
        I2C_SCL = 0;                //再拉低 SCL,以使从机发送出下一位
    }
    I2C_SDA = 1;                    //8 位数据发送完后,拉高 SDA,发送非应答信号
    I2CDelay();
    I2C_SCL = 1;                    //拉高 SCL
    I2CDelay();
    I2C_SCL = 0;                    //再拉低 SCL 完成非应答位,并保持住总线
    return dat;
}
```

```
/* I²C 总线读操作,并发送应答信号,返回值为读到的字节 */
unsigned char I2CReadACK()
{
    unsigned char mask;
    unsigned char dat;
    I2C_SDA = 1;           //首先确保主机释放 SDA
    for (mask = 0x80; mask! = 0; mask >> = 1)   //从高位到低位依次进行
    {
        I2CDelay();
        I2C_SCL = 1;                //拉高 SCL
        if(I2C_SDA == 0)            //读取 SDA 的值
            dat & = ~mask;          //为"0"时,dat 中对应位清零
        else
            dat |= mask;            //为"1"时,dat 中对应位置"1"
        I2CDelay();
        I2C_SCL = 0;                //再拉低 SCL,以使从机发送出下一位
    }
    I2C_SDA = 0;           //8位数据发送完后,拉低 SDA,发送应答信号
    I2CDelay();
    I2C_SCL = 1;           //拉高 SCL
    I2CDelay();
    I2C_SCL = 0;           //再拉低 SCL 完成应答位,并保持住总线
    return dat;
}
```

I2C.c 文件提供了 I²C 总线所有的底层操作函数,包括起始、停止、字节写、字节读+应答、字节读+非应答。

/****************LCD1602.c 文件程序源代码********************/
```
#include <reg52.h>
#define LCD1602_DB P0
sbit LCD1602_RS = P1^0;
sbit LCD1602_RW = P1^1;
sbit LCD1602_E = P1^5;
void LcdWaitReady()
{
    unsigned char sta;
    LCD1602_DB = 0xFF;
    LCD1602_RS = 0;
    LCD1602_RW = 1;
    do
```

```c
    {
        LCD1602_E = 1;
        sta = LCD1602_DB;            //读取状态字
        LCD1602_E = 0;
    }
    while (sta & 0x80); //bit7 等于1表示液晶正忙,重复检测直到其等于0为止
}
void LcdWriteCmd(unsigned char cmd)
{
    LcdWaitReady();
    LCD1602_RS = 0;
    LCD1602_RW = 0;
    LCD1602_DB = cmd;
    LCD1602_E = 1;
    LCD1602_E   = 0;
}
void LcdWriteDat(unsigned char dat)          //向LCD1602液晶写入一字节数据
                                             //dat为待写入数据值
{
    LcdWaitReady();
    LCD1602_RS = 1;
    LCD1602_RW = 0;
    LCD1602_DB = dat;
    LCD1602_E = 1;
    LCD1602_E = 0;
}
/*设置显示RAM起始地址,亦即光标位置,(x,y)为对应屏幕上的字符坐标 */
void LcdSetCursor(unsigned char x,unsigned char y)
{
    unsigned char addr;
    if (y == 0)                  //由输入的屏幕坐标计算显示RAM的地址
        addr = 0x00 + x;         //第一行字符地址从0x00起始
    else
        addr = 0x40 + x;         //第二行字符地址从0x40起始
    LcdWriteCmd(addr | 0x80);    //设置RAM地址
}
/*在液晶上显示字符串,(x,y)为对应屏幕上的起始坐标,str为字符串指针 */
void LcdShowStr(unsigned char x,unsigned char y,unsigned char *str)
{
```

```
    LcdSetCursor(x,y);         //设置起始地址
    while(*str!='\0')          //连续写入字符串数据,直到检测到结束符
    {
        LcdWriteDat(*str++);
    }
}
/*初始化1602液晶*/
void InitLcd1602()
{
    LcdWriteCmd(0x38);    //16*2显示,5*7点阵,8位数据接口
    LcdWriteCmd(0x0C);    //显示器开,光标关闭
    LcdWriteCmd(0x06);    //文字不动,地址自动+1
    LcdWriteCmd(0x01);    //清屏
}
#include<reg52.h>
extern void InitLcd1602();
extern void LcdShowStr(unsigned char x,unsigned char y,unsigned char *str);
extern void I2CStart();
extern void I2CStop();
extern unsigned char I2CReadNAK();
extern bit I2CWrite(unsigned char dat);
unsigned char E2ReadByte(unsigned char addr);
void E2WriteByte(unsigned char addr,unsigned char dat);
void main()
{
    unsigned char dat;unsigned char str[10];
    InitLcd1602();         //初始化液晶
    dat=E2ReadByte(0x02);  //读取指定地址上的一个字节
    str[0]=(dat/100)+'0';  //转换为十进制字符串格式
    str[1]=(dat/10%10)+'0';
    str[2]=(dat%10)+'0';
    str[3]='\0';
    LcdShowStr(0,0,str);   //显示在液晶上
    dat++;                 //将其数值+1
    E2WriteByte(0x02,dat); //再写回到对应的地址上
    while(1);
}
/*读取EEPROM中的一个字节,addr为字节地址*/
unsigned char E2ReadByte(unsigned char addr)
```

```
/*****************main.c 文件程序源代码************************/
{
    unsigned char dat;
    I2CStart();
    I2CWrite(0x50<<1);       //寻址器件,后续为写操作
    I2CWrite(addr);          //写入存储地址
    I2CStart();              //发送重复启动信号
    I2CWrite((0x50<<1)|0x01);    //寻址器件,后续为读操作
    dat = I2CReadNAK();      //读取一个字节数据
    I2CStop();
    return dat;
}
/*向 EEPROM 中写入一个字节,addr 为字节地址 */
void E2WriteByte(unsigned char addr,unsigned char dat)
{
    I2CStart();
    I2CWrite(0x50<<1);       //寻址器件,后续为写操作
    I2CWrite(addr);          //写入存储地址
    I2CWrite(dat);           //写入一个字节数据
    I2CStop();
}
```

这个程序，以同学们现在的基础，独立分析应该不困难了，遇到哪个语句不懂可以及时问问别人或者搜索一下，把该解决的问题理解明白。大家把这个程序复制过去后，编译一下会发现 Keil 软件提示了一个警告：＊＊＊WARNING L16: UNCALLED SEGMENT, IG-NORED FOR OVERLAY PROCESS，这个警告的意思是在代码中存在没有被调用过的变量或者函数，即 I2C.c 文件中的 I2CReadACK() 这个函数在本例中没有用到。

大家仔细观察一下这个程序，我们读取 EEPROM 的时候，只读了一个字节就要告诉 EEPROM 不需要再读数据了，读完后直接发送一个"NAK"，因此只调用了 I2CReadNAK() 这个函数，而并没有调用 I2CReadACK() 这个函数。我们今后很可能读数据的时候要连续读几个字节，因此将这个函数写在 I2C.c 文件中，作为 $I^2C$ 功能模块的一部分是必要的，方便这个文件以后移植到其他程序中使用，因此这个警告在这里就不必管它了。

## 二、EEPROM 多字节读写操作时序

读取 EEPROM 的时候很简单，EEPROM 根据所送的时序，直接就把数据送出来了，但是写 EEPROM 却没有这么简单了。给 EEPROM 发送数据后，先保存在了 EEPROM 的缓存，EEPROM 必须要把缓存中的数据搬移到"非易失"的区域，才能达到掉电不丢失的效果。而往非易失区域写需要一定的时间，每种器件不完全一样，ATMEL 公司的 AT24C02 的这个

写入时间最高不超过 5 ms。在往非易失区域写的过程中，EEPROM 是不会再响应访问的，不仅接收不到访问的数据，即使用 I²C 标准的寻址模式去寻址，EEPROM 都不会应答，就如同这个总线上没有这个器件一样。数据写入非易失区域完毕后，EEPROM 再次恢复正常后就可以正常读写了。

细心的同学在看上一节程序的时候会发现，写数据的那段代码，实际上我们有去读应答位 ACK，但是读到了应答位我们也没有做任何处理。这是因为一次只写一个字节的数据进去，等到下次重新上电再写的时候，时间肯定远远超过了 5 ms，因此如果是连续写入几个字节，就必须考虑应答位的问题了。写入一个字节后，再写入下一个字节之前，必须要等待 EEPROM 再次响应才可以，请大家注意一下程序的写法，可以学习一下。

之前我们知道编写 .c 文件移植的方便性了，本节程序与上一节的 LCD1602.c 文件和 I2C.c 文件完全是一样的，因此这次我们只把 main.c 文件给大家发出来，帮大家分析明白。而同学们却不能这样，由于是初学，很多知识和技巧需要多练才能巩固下来，因此每个程序还是建议大家在 Keil 软件上一个代码一个代码地敲出来。

```c
/*********************I2C.c 文件程序源代码*************************/
    (此处省略,可参考之前章节的代码)
/*********************LCD1602.c 文件程序源代码*********************/
    (此处省略,可参考之前章节的代码)
/*********************main.c 文件程序源代码************************/
#include <reg52.h>
extern void InitLcd1602();
extern void LcdShowStr(unsigned char x,unsigned char y,unsigned char *str);
extern void I2CStart();
extern void I2CStop();
extern unsigned char I2CReadACK();
extern unsigned char I2CReadNAK();
extern bit I2CWrite(unsigned char dat);
void E2Read(unsigned char *buf,unsigned char addr,unsigned char len);
void E2Write(unsigned char *buf,unsigned char addr,unsigned char len);
void MemToStr(unsigned char *str,unsigned char *src,unsigned char len);
void main()
{
    unsigned char i;unsigned char buf[5];unsigned char str[20];
    InitLcd1602();        //初始化液晶
    E2Read(buf,0x90,sizeof(buf));   //从 E2 中读取一段数据
    MemToStr(str,buf,sizeof(buf));  //转换为十六进制字符串
    LcdShowStr(0,0,str);  //显示到液晶上
    for (i=0;i<sizeof(buf);i++)     //数据依次为 +1, +2, +3…
    {
```

```c
        buf[i] = buf[i] +1 + i;
    }
    E2Write(buf,0x90,sizeof(buf));    //再写回到E2中
    while(1);
}
/*将一段内存数据转换为十六进制格式的字符串,str为字符串指针,src为源数据地址,
len为数据长度 */
void MemToStr(unsigned char * str,unsigned char * src,unsigned char
len)
{
    unsigned char tmp;
    while (len -- )
    {
        tmp = * src >>4;            //先取高4位
        if (tmp <=9)                //转换为0~9或A~F
            * str ++ = tmp + '0';
        else * str ++ = tmp -10 + 'A';
        tmp = * src & 0x0F;         //再取低4位
        if (tmp <=9)                //转换为0~9或A~F
            * str ++ = tmp + '0';
        else * str ++ = tmp -10 + 'A';
        * str ++ = ' ';             //转换完一个字节添加一个空格
        src ++ ;
    }
}
/* E2读取函数,buf为数据接收指针,addr为E2中的起始地址,len为读取长度 */
void E2Read(unsigned char * buf,unsigned char addr,unsigned char len)
{
    do {                            //用寻址操作查询当前是否可进行读写操作
        I2CStart();
        if (I2CWrite(0x50 <<1))     //应答则跳出循环,非应答则进行下一次查询
        {
            break;
        }
        I2CStop();
    } while(1);
    I2CWrite(addr);                 //写入起始地址
    I2CStart();                     //发送重复启动信号
    I2CWrite((0x50 <<1)|0x01);      //寻址器件,后续为读操作
```

```c
    while(len >1)            //连续读取len-1个字节
    {
        *buf ++ = I2CReadACK();  //最后字节之前为读取操作+应答
        len --;
    }
    *buf = I2CReadNAK();      //最后一个字节为读取操作+非应答
    I2CStop();
}
/* E2写入函数,buf为源数据指针,addr为E2中的起始地址,len为写入长度 */
void E2Write(unsigned char *buf,unsigned char addr,unsigned char len)
{
    while(len --)
    {
        do {                  //用寻址操作查询当前是否可进行读写操作
            I2CStart();
            if(I2CWrite(0x50 <<1))//应答则跳出循环,非应答则进行下一次查询
            {
                break;
            }
            I2CStop();
        } while(1);
        I2CWrite(addr ++);    //写入起始地址
        I2CWrite(*buf ++);    //写入一个字节数据
        I2CStop();            //结束写操作,以等待写入完成
    }
}
```

函数 MemToStr()：可以把一段内存数据转换成十六进制字符串的形式。由于从 EEPROM 读出来的是正常的数据，而 LCD1602 液晶接收的是 ASCII 码字符，因此要通过液晶把数据显示出来必须先通过一步转换。算法倒是很简单，就是把每一个字节的数据高 4 位和低 4 位分开，和 9 进行比较，如果小于等于 9，则直接加 "0" 转为 0~9 的 ASCII 码；如果大于 9，则先减掉 10 再加 "A" 即可转为 A~F 的 ASCII 码。

函数 E2Read()：在读程序之前，要查询一下当前是否可以进行读写操作，EEPROM 正常响应后才可以进行。进行后，读最后一个字节之前的，全部给出 ACK，而读完了最后一个字节，要给出一个 NAK。

函数 E2Write()：每次写操作之前，都要进行查询判断当前 EEPROM 是否响应，正常响应后才可以写数据。

## 三、EEPROM 的页写入

在向 EEPROM 连续写入多个字节的数据时，如果每写一个字节都要等待几毫秒，整体

上的写入效率就太低了。因此 EEPROM 的厂商就想了一个办法,把 EEPROM 分页管理。

AT24C01、AT24C02 这两个型号是 8 个字节一页,而 AT24C04、AT24C08、AT24C16 是 16 个字节一页。我们开发板上用的型号是 AT24C02,一共是 256 个字节,8 个字节一页,那么就一共有 32 页。

分配好页之后,在同一个页内连续写入几个字节后,最后再发送停止位的时序。EEPROM 检测到这个停止位后,就会一次性把这一页的数据写到非易失区域,就不需要像之前那样写一个字节检测一次了,并且页写入的时间也不会超过 5 ms。如果写入的数据跨页了,那么写完了一页之后,要发送一个停止位,然后等待并且检测 EEPROM 的空闲模式,一直等到把上一页数据完全写到非易失区域后,再进行下一页的写入,这样就可以在很大程度上提高数据的写入效率。

```
/*******************I2C.c 文件程序源代码************************/
    (此处省略,可参考之前章节的代码)
/*******************LCD1602.c 文件程序源代码********************/
    (此处省略,可参考之前章节的代码)
/*******************eeprom.c 文件程序源代码*********************/
#include <reg52.h>
extern void I2CStart();
extern void I2CStop();
extern unsigned char I2CReadACK();
extern unsigned char I2CReadNAK();
extern bit I2CWrite(unsigned char dat);
/* E2 读取函数,buf 为数据接收指针,addr 为 E2 中的起始地址,len 为读取长度 */
void E2Read(unsigned char *buf,unsigned char addr,unsigned char len)
{
    do {                      //用寻址操作查询当前是否可进行读写操作
        I2CStart();
        if (I2CWrite(0x50 << 1))    //应答则跳出循环,非应答则进行下一次查询
        {
            break;
        }
        I2CStop();
    } while(1);
    I2CWrite(addr);           //写入起始地址
    I2CStart();               //发送重复启动信号
    I2CWrite((0x50 << 1)|0x01);   //寻址器件,后续为读操作
    while (len >1)            //连续读取 len-1 个字节
    {
        *buf ++ = I2CReadACK();   //最后字节之前为读取操作 + 应答
        len --;
    }
    *buf = I2CReadNAK();      //最后一个字节为读取操作 + 非应答
```

```
        I2CStop();
}

/* E2 写入函数,buf 为源数据指针,addr 为 E2 中的起始地址,len 为写入长度 */
void E2Write(unsigned char *buf,unsigned char addr,unsigned char len)
{
    while (len > 0)
    {
        //等待上次写入操作完成
        do {                              //用寻址操作查询当前是否可进行读写操作
            I2CStart();
            if (I2CWrite(0x50 << 1))//应答则跳出循环,非应答则进行下一次查询
            {
                break;
            }
            I2CStop();
        } while(1);
        //按页写模式连续写入字节
        I2CWrite(addr);                   //写入起始地址
        while (len > 0)
        {
            I2CWrite( *buf ++);           //写入一个字节数据
            len --;                       //待写入长度计数递减
            addr ++;                      //E2 地址递增

            if ((addr&0x07) == 0)         //检查地址是否到达页边界,AT24C02 每页 8 字节,
            {
                                          //所以检测低 3 位是否为零即可
                break;                    //到达页边界时,跳出循环,结束本次写操作
            }
        }
        I2CStop();
    }
}
```

遵循模块化的原则,把 EEPROM 的读写函数也单独写成一个 eeprom.c 文件。其中 E2Read 函数和上一节是一样的,因为读操作与分页无关。重点是 E2Write 函数,在写入数据的时候,要计算下一个要写的数据的地址是否是一个页的起始地址,如果是,则必须跳出循环,等待 EEPROM 把当前这一页写入到非易失区域后,再进行后续页的写入。

```c
/****************main.c 文件程序源代码***********************/
#include <reg52.h>
extern void InitLcd1602();
extern void LcdShowStr(unsigned char x,unsigned char y,unsigned char *str);
extern void E2Read(unsigned char *buf,unsigned char addr,unsigned char len);
extern void E2Write(unsigned char *buf,unsigned char addr,unsigned char len);
void MemToStr(unsigned char *str,unsigned char *src,unsigned char len);
void main()
{
    unsigned char i;unsigned char buf[5];unsigned char str[20];
    InitLcd1602();//初始化液晶
    E2Read(buf,0x8E,sizeof(buf));
    MemToStr(str,buf,sizeof(buf));
    LcdShowStr(0,0,str);
    for (i=0;i<sizeof(buf);i++)
    {
        buf[i]=buf[i]+1+i;
    }
    E2Write(buf,0x8E,sizeof(buf));
    while(1);
}
/*将一段内存数据转换为十六进制格式的字符串,str 为字符串指针,src 为源数据地址,
len 为数据长度 */
void MemToStr(unsigned char *str,unsigned char *src,unsigned char len)
{
    unsigned char tmp;
    while (len--)
    {
        tmp = *src >>4;          //先取高4位
        if (tmp <=9)             //转换为 0~9 或 A~F
            *str++ =tmp + '0';
        else
            *str++ =tmp -10 + 'A';
        tmp = *src & 0x0F;       //再取低4位
```

```
        if (tmp <= 9)                //转换为 0~9 或 A~F
            * str ++ = tmp + '0';
        else
            * str ++ = tmp - 10 + 'A';
    * str ++ = ' ';//转换完一个字节添加一个空格
    src ++ ;
    }
}
```

多字节写入和页写入程序都编写出来了，而且页写入的程序还特地是跨页写的数据，它们的写入时间到底差别多大呢？我们用一些工具可以测量一下，比如示波器、逻辑分析仪等工具。现在把两次写入时间用逻辑分析仪抓了出来，并且用时间标签 T1 和 T2 标注了开始位置和结束位置，如图 11.5 和图 11.6 所示，右侧显示的 | $T_1 - T_2$ | 就是最终写入 5 个字节所耗费的时间。多字节一个一个写入，每次写入后都需要再次通信检测 EEPROM 是否在"忙"，因此耗费了大量的时间，同样地写入 5 个字节的数据，一个一个写入用了 8.4 ms 左右的时间，而使用页写入，只用了 3.5 ms 左右的时间。

图 11.5  多字节写入时间

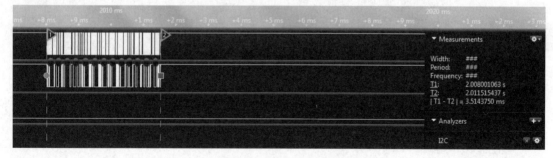

图 11.6  跨页写入时间

## 本 章 小 结

$I^2C$ 总线为 Philips 公司推出的串行通信总线，具有接线少、控制方式简单、通信速率高等优点。其采用数据线 SDA 和时钟线 SCL 构成通信线路，各器件可通过并联到总线上实现数据收发，器件间彼此独立，通过唯一的总线地址区分。传输数据时每个字节后需带一个响应位。

电视频道记忆功能、交通灯倒计时时间的设定、户外 LED 广告的记忆功能，都有可能用到 EEPROM 这类存储器件。这类器件的优势是存储的数据不仅可以改变，而且掉电后数据保存不丢失，因此大量应用在各种电子产品上。

我们在学习 UART 通信的时候，刚开始也是用的 I/O 口去模拟 UART 通信过程，最终实现和计算机的通信，而后因为 STC89C52 内部具备 UART 硬件通信模块，所以我们直接可以通过配置寄存器就可以很轻松地实现单片机的 UART 通信。同样的道理，这个 $I^2C$ 通信，如果单片机内部有硬件模块，单片机可以直接自动实现 $I^2C$ 通信了，就不需要再进行 I/O 口模拟起始、模拟发送、模拟结束，配置好寄存器，单片机就会把这些工作全部做了。

不过 STC89C52 单片机内部不具备 $I^2C$ 的硬件模块，所以使用 STC89C52 进行 $I^2C$ 通信时必须用 I/O 口来模拟。使用 I/O 口模拟 $I^2C$，实际上更有利于我们彻底理解 $I^2C$ 通信的实质。当然了，通过学习 I/O 口模拟通信，今后如果遇到内部带 $I^2C$ 模块的单片机，也应该很轻松地搞定，使用内部的硬件模块，可以提高程序的执行效率。

## ● 练 习 题

1. 彻底理解 $I^2C$ 的通信时序，不仅仅是记住。
2. 能够独立完成 EEPROM 任意地址的单字节读写、多字节的跨页连续写入读出。
3. 写一段代码，实现交通灯的逻辑功能，使用 EEPROM 保存红灯和绿灯倒计时的时间，并且可以通过 UART 改变红灯和绿灯倒计时时间。
4. 使用按键、LCD1602 液晶、EEPROM 做一个简单的密码锁程序。

# 第十二章 SPI 总线与实时时钟 DS1302 的应用

### 学习目标

1. 学习了解 SPI 通信协议
2. 掌握使用单片机对 SPI 协议进行软件模拟
3. 掌握使用 51 单片机和 SPI 器件 DS1302 通信的基本方法

在前面的课程中我们已经了解到了不少关于时钟的概念，比如我们用的单片机的主时钟是 11.059 2 MHz、$I^2C$ 总线有一条时钟信号线 SCL 等，这些时钟本质上都是一个某一频率的方波信号。那么除了这些在前面新学到的时钟概念外，还有一个我们早已熟悉的时钟概念——"年－月－日 时：分：秒"，就是我们的钟表和日历给出的时间，它的重要程度我想就不需要多说了吧，在单片机系统里我们把它称作实时时钟，以区别于前面提到的几种方波时钟信号。本章，我们将学习实时时钟的应用，有了它，单片机系统就能找到自己的时间定位啦，可以在指定时间干某件事，或者记录下某事发生的具体时间，等等。除此之外，本章还会学习到 C 语言的结构体，它也是 C 语言的精华部分，下面先来了解它的基础，后面再逐渐达到熟练、灵活运用它。

## 第一节 SPI 时序初步认识

UART、$I^2C$ 和 SPI 是单片机系统中最常用的三种通信协议。前两章已经学了 UART 和 $I^2C$ 通信协议，这节将介绍 SPI 通信协议。

SPI 是英语 Serial Peripheral Interface 的缩写，顾名思义就是串行外围设备接口。SPI 是一种高速的、全双工、同步通信总线，标准的 SPI 也仅仅使用 4 个引脚，常用于单片机和 EEPROM、Flash、实时时钟、数字信号处理器等器件的通信。SPI 通信原理比 $I^2C$ 要简单，它主要是主从方式通信，这种模式通常只有一个主机和一个或者多个从机，标准的 SPI 是 4 根线，分别是 SSEL（片选，也写作 SCS）、SCLK（时钟，也写作 SCK）、MOSI（Master Output/Slave Input，主机输出从机输入）和 MISO（Master Input/Slave Output，主机输入从机输出）。

SSEL：从设备片选使能信号。如果从设备是低电平使能，当拉低这个引脚后，从设备就会被选中，主机与这个被选中的从机进行通信。

SCLK：时钟信号，由主机产生，和 I²C 通信的 SCL 有点类似。

MOSI：主机给从机发送指令或者数据的通道。

MISO：主机读取从机的状态或者数据的通道。

在某些情况下，也可以用 3 根线的 SPI 或者 2 根线的 SPI 进行通信。比如主机只给从机发送命令，从机不需要回复数据的时候，那么 MISO 就可以不要；而在主机只读取从机的数据，不需要给从机发送指令的时候，那么 MOSI 就可以不要；当一个主机一个从机的时候，从机的片选有时可以固定为有效电平而一直处于使能状态，那么 SSEL 就可以不要；此时如果再加上主机只给从机发送数据，那么 SSEL 和 MISO 都可以不要；如果主机只读取从机送来的数据，SSEL 和 MOSI 都可以不要。

3 线和 2 线的 SPI 大家要知道其工作原理，实际中也是有应用的，但是当我们提及 SPI 的时候，一般都是指标准 SPI，都是指 4 根线的这种形式。

SPI 通信的主机也是单片机，在读写数据时序的过程中，有四种模式，要了解这四种模式，首先要了解以下两个名词。

CPOL：Clock Polarity，就是时钟的极性。通信的整个过程分为空闲时刻和通信时刻，如果 SCLK 在数据发送之前和之后的空闲状态是高电平，那么 CPOL = 1，如果 SCLK 空闲状态是低电平，那么 CPOL = 0。

CPHA：Clock Phase，就是时钟的相位。

主机和从机要交换数据，就牵涉到一个问题，即主机在什么时刻输出数据到 MOSI 上而从机在什么时刻采样这个数据，或者从机在什么时刻输出数据到 MISO 上，而主机什么时刻采样这个数据。同步通信的一个特点就是所有数据的变化和采样都是伴随着时钟沿进行的，也就是说数据总是在时钟的边沿附近变化或被采样。而一个时钟周期必定包含了一个上升沿和一个下降沿，这是周期的定义所决定的，只是这两个沿的先后并无规定。又因为数据从产生的时刻到它的稳定是需要一定时间的，那么，如果主机在上升沿输出数据到 MOSI 上，从机就只能在下降沿去采样这个数据了。反之如果一方在下降沿输出数据，那么另一方就必须在上升沿采样这个数据。

CPHA = 1，表示数据的输出是在一个时钟周期的第一个沿上，至于这个沿是上升沿还是下降沿，这要视 CPOL 的值而定，CPOL = 1 那就是下降沿，反之就是上升沿。那么数据的采样自然就是在第二个沿上了。

CPHA = 0，表示数据的采样是在一个时钟周期的第一个沿上，同样它是什么沿由 CPOL 决定。那么数据的输出自然就在第二个沿上了。仔细想一下，这里会有一个问题：就是当一帧数据开始传输第一个 bit 时，在第一个时钟沿上就采样该数据了，那么它是在什么时候输出来的呢？有两种情况：一是 SSEL 使能的边沿，二是上一帧数据的最后一个时钟沿，有时两种情况还会同时生效。

下面以 CPOL = 1/CPHA = 1 为例，把时序图画出来给大家看一下，如图 12.1 所示。

如图 12.1 所示，当数据未发送时以及发送完毕后，SCK 都是高电平，因此 CPOL = 1。可以看出，在 SCK 第一个沿的时候，MOSI 和 MISO 会发生变化，同时 SCK 第二个沿的时候，数据是稳定的，此刻采样数据是合适的，也就是上升沿即一个时钟周期的后沿锁存读取数据，即 CPHA = 1。注意最后最隐蔽的 SSEL 片选，这个引脚通常用来决定是哪个从机和主机进行通信。剩余的三种模式，如图 12.2 所示，为简化起见，把 MOSI 和 MISO 合在一起了，大家要仔细对照并研究一下，把所有的理论过程都弄清楚，以利于对 SPI 通信的深刻理解。

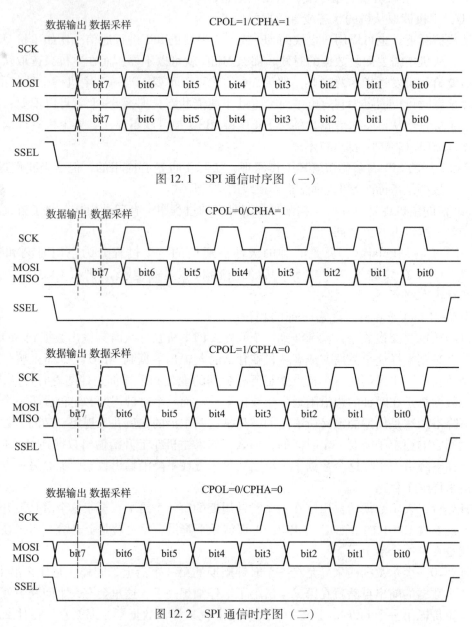

图 12.1　SPI 通信时序图（一）

图 12.2　SPI 通信时序图（二）

在时序上，SPI 没有了起始、停止和应答，同样，UART 和 SPI 在通信的时候，只负责通信，不管是否通信成功，而 $I^2C$ 却要通过应答信息来获取通信成功、失败的信息，所以相对来说，UART 和 SPI 的时序都要比 $I^2C$ 简单一些。

## 第二节 实时时钟芯片 DS1302

DS1302 是个实时时钟芯片,可以通过单片机写入时间或者读取当前的时间数据,下面带着大家通过阅读这个芯片的数据手册来学习和掌握这个器件。在学习使用 DS1302 之前,先简单回顾一下 BCD 码的相关知识。

BCD 码(Binary – Coded Decimal)即二 – 十进制代码。它用 4 位二进制数来表示 1 位十进制数中 0~9 这 10 个数字,是一种二进制的数字编码形式,用二进制编码的十进制代码。BCD 码这种编码形式利用了四个位元来储存一个十进制的数码,使二进制和十进制之间的转换得以快捷地进行。前面已经介绍过,十六进制和二进制本质上是一回事,十六进制仅仅是二进制的一种缩写形式而已。而十进制的一位数字,从 0 到 9,最大的数字就是 9,再加 1 就要进位,所以用 4 位二进制表示十进制,就是从 0b0000 到 0b1001,不存在 0b1010、0b1011、0b1100、0b1101、0b1110、0b1111 这 6 个数字。BCD 码如果到了 0b1001,再加 1 的话,数字就变成 0b0001 0000 了,相当于用了 8 位的二进制数字表示 2 位的十进制数字。

BCD 码的应用还是非常广泛的,比如实时时钟,日期时间在时钟芯片中的存储格式就是 BCD 码,当需要把它记录的时间转换成可以直观显示的 ASCII 码时(比如在液晶上显示),就可以省去一步由二进制的整型数到 ASCII 的转换过程,而直接取出表示十进制 1 位数字的 4 个二进制位,然后再加上 0x30 就可组成一个 ASCII 码字节了,这样就会方便得多,在后面的实际例程中将看到这个简单的转换。下面具体介绍一下 DS1302 的相关知识。

### 一、DS1302 的特点

DS1302 是 DALLAS(达拉斯)公司推出的一款涓流充电时钟芯片,2001 年 DALLAS 被 MAXIM(美信)收购,因此我们看到的 DS1302 的数据手册既有 DALLAS 的标志,又有 MAXIM 的标志。

DS1302 实时时钟芯片广泛应用于电话、传真、便携式仪器等产品领域,它的主要性能指标如下:

(1)DS1302 是一个实时时钟芯片,可以提供秒、分、小时、日期、月、年等信息,并且还有软件自动调整的能力,可以通过配置 AM/PM 来决定采用 24 小时格式还是 12 小时格式。

(2)拥有 31 字节数据存储器 RAM。

(3)串行 I/O 通信方式,相对并行来说比较节省 I/O 口的使用。

(4)DS1302 的工作电压比较宽,在 2.0~5.5 V 的范围内都可以正常工作。

(5)DS1302 的功耗一般都很低,它在工作电压 2.0 V 时,工作电流小于 300 nA。

(6)DS1302 共有 8 个引脚,有两种封装形式,一种是 DIP – 8 封装,芯片宽度(不含引脚)是 300 mil(1 mil = 0.025 4 mm),一种是 SOP – 8 封装,有两种宽度,一种是 150 mil,一种是 208 mil。DS1302 的引脚封装图如图 12.3 所示。

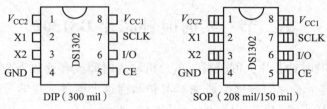

图 12.3 DS1302 封装图

所谓的 DIP（Dual In – line Package）封装，就是双列直插式封装技术，如同开发板上的 STC89C52 单片机，就是典型的 DIP 封装，当然 STC89C52 还有其他的封装样式，为了方便学习使用，我们采用的是 DIP 封装。而开发板上另一种常见的封装是 SOP（Small Out – Line Package）封装，这是一种在芯片两侧引出 L 形引脚的封装技术，大家可以看看开发板上的芯片，了解一下这些常识性知识。

（7）当供电电压是 5 V 的时候，可兼容标准的 TTL 电平标准，也就是说，可以完美地和单片机进行通信。

（8）由于 DS1302 是 DS1202 的升级版本，所以所有的功能都兼容 DS1202。此外 DS1302 有两个电源输入，一个是主电源，另外一个是备用电源，可以用电池或者大电容，这样做是为了在系统掉电的情况下，时钟还会继续正常工作。如果使用的是充电电池，还可以在正常工作时，设置充电功能，给备用电池进行充电。

DS1302 的特点第二条"拥有 31 字节数据存储器 RAM"，这是 DS1302 额外存在的资源。这 31 字节的 RAM 相当于一个存储器，因此我们在编写单片机程序的时候，可以把我们想要存储的数据存储在 DS1302 中，需要的时候再读出来，这个功能和 EEPROM 有点类似，相当于一个掉电丢失数据的"EEPROM"，如果此时钟电路加上备用电池，那么这 31 个字节的 RAM 就可以替代 EEPROM 的功能了。这 31 字节的 RAM 功能使用很少，所以在这里不展开介绍，大家了解即可。

## 二、DS1302 的硬件信息

我们平时所用的不管是单片机，还是其他一些电子器件，根据使用条件的约束，可以分为商业级和工业级的，主要是工作温度范围的不同，DS1302 的购买信息如表 12.1 所示。

表 12.1 DS1302 订购信息

| 类型 | 温度范围 | 引脚封装 |
| --- | --- | --- |
| DS1302 + | 0 ~ +70 ℃ | 8PDIP |
| DS1302N + | −40 ~ +85 ℃ | 8PDIP |
| DS1302S + | 0 ~ +70 ℃ | 8SOP |
| DS1302SN + | −40 ~ +85 ℃ | 8SOP |
| DS1302Z + | 0 ~ +70 ℃ | 8SOP |
| DS1302ZN + | −40 ~ +85 ℃ | 8SOP |

在订购 DS1302 的时候，就可以根据表 12.1 来跟销售厂家沟通。商业级的工作温度范围略窄，是 0 ~ 70 ℃，而工业级的可以工作在 −40 ~ +85 ℃。

DS1302 一共有 8 个引脚，下面将根据引脚分布图和典型电路图介绍一下每个引脚的功能，如图 12.4 和图 12.5 所示。

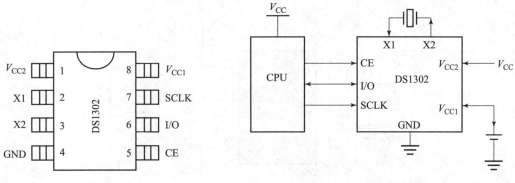

图 12.4　DS1302 引脚图　　　　　　图 12.5　DS1302 典型电路

1 脚 $V_{CC2}$ 是主电源正极的引脚，2 脚 X1 和 3 脚 X2 是晶振输入和输出引脚，4 脚 GND 是负极，5 脚 CE 是使能引脚，接单片机的 I/O 口，6 脚 I/O 是数据传输引脚，接单片机的 I/O 口，7 脚 SCLK 是通信时钟引脚，接单片机的 I/O 口，8 脚 $V_{CC1}$ 是备用电源引脚。考虑到 KST-51 开发板是一套以学习为目的的板子，加上备用电池对航空运输和携带不方便，所以 8 脚没有接备用电池，而是接了一个 10 μF 的电容，这个电容就相当于一个电量很小的电池，经过实验测量得出其可以在系统掉电后仍维持 DS1302 运行 1 分钟左右，如果大家希望运行时间再长些，可以加大电容的容量或者换成备用电池，如果掉电后不需要它再维持运行，也可以悬空，如图 12.6 和图 12.7 所示。

涓流充电功能，基本用得较少，因为实际应用中很少会选择可充电电池作为备用电源，成本较高。提供电能的另一种方法是，直接用 5 V 电源接一个二极管，在主电源上电的情况下给电容充电，在主电源掉电的情况下，二极管可以防止电容向主电路放电，而仅用来维持 DS1302 的供电，这种电路的最大好处是在电池供电系统中更换主电池的时候保持实时时钟的运行不中断，1 分钟的时间对于更换电池足够了。此外，根据使用经验，在 DS1302 的主电源引脚串联一个 1 kΩ 电阻可以有效地防止电源对 DS1302 的冲击，$R_6$ 就是这个电阻，而 $R_9$、$R_{26}$、$R_{32}$ 都是上拉电阻。

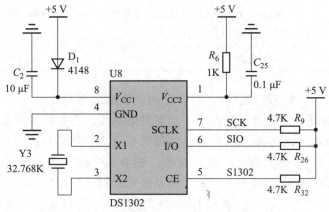

图 12.6　DS1302 电容作备用电源

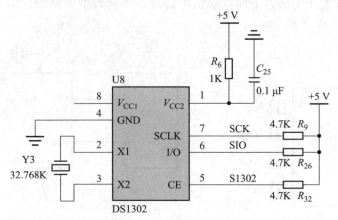

图 12.7 DS1302 无备用电源

对于 DS1302 的 8 个引脚的功能，如表 12.2 所示。

表 12.2 DS1302 引脚功能

| 引脚编号 | 引脚名称 | 引脚功能 |
| --- | --- | --- |
| 1 | $V_{CC2}$ | 主电源引脚，当 $V_{CC2}$ 比 $V_{CC1}$ 高 0.2 V 以上时，DS1302 由 $V_{CC2}$ 供电，当 $V_{CC2}$ 低于 $V_{CC1}$ 时，由 $V_{CC1}$ 供电 |
| 2 | X1 | 这两个引脚需要接一个 32.768 kHz 的晶振，给 DS1302 提供一个基准频率。特别注意，要求这个晶振的引脚负载电容必须是 6 pF，而不是要加 6 pF 的电容。如果使用有源晶振，接到 X1 上即可，X2 悬空 |
| 3 | X2 | |
| 4 | GND | 接地 |
| 5 | CE | DS1302 的使能输入引脚。当读写 DS1302 的时候，这个引脚必须是高电平，DS1302 这个引脚内部有一个 40 kΩ 的下拉电阻 |
| 6 | I/O | 这个引脚是一个双向通信引脚，读写数据都是通过这个引脚完成的。DS1302 这个引脚的内部含有一个 40 kΩ 的下拉电阻 |
| 7 | SCLK | 输入引脚。SCLK 用来作为通信的时钟信号。DS1302 这个引脚的内部含有一个 40 kΩ 的下拉电阻 |
| 8 | $V_{CC1}$ | 备用电源引脚 |

DS1302 电路的一个重点就是晶振电路，它所使用的晶振是一个 32.768 kHz 的，晶振外部也不需要额外添加其他的电容或者电阻了。时钟的精度，首先取决于晶振的精度以及晶振的引脚负载电容。如果晶振不准或者负载电容过大或过小，都会导致时钟误差过大。在这一切都搞定后，最终一个考虑因素是晶振的温漂。随着温度的变化，晶振的精度也会发生变化，因此，在实际的系统中，其中一种方法就是经常校对。比如所用的计算机的时钟，通常我们会设置一个选项"将计算机设置与 Internet 时间同步"。选中这个选项后，一般过一段时间，计算机就会和 Internet 时间校准同步一次。

## 三、DS1302 寄存器介绍

DS1302 的一条指令也即一个字节，共 8 位，其中第 7 位（即最高位）固定为"1"，这一位如果是"0"，那么写进去的数据也是无效的。第 6 位用于选择 RAM 还是 CLOCK，所以如果选择 CLOCK 功能，第 6 位是"0"，如果要用 RAM，那第 6 位就是"1"。从第 5 到第 1 位，决定了寄存器的 5 位地址，而第 0 位是读写位，如果要写，这一位就是"0"，如果要读，这一位就是"1"。指令字节直观位分配如图 12.8 所示。

| 7 | 6 | 5 | 4 | 3 | 2 | 1 | 0 |
|---|---|---|---|---|---|---|---|
| 1 | RAM/$\overline{CK}$ | A4 | A3 | A2 | A1 | A0 | RD/$\overline{WR}$ |

图 12.8  DS1302 命令字节

DS1302 时钟的寄存器，其中 8 个和时钟有关，5 位地址分别是 0b00000～0b00111，还有一个寄存器的地址是 01000，这是涓流充电所用的寄存器，这里不介绍。在 DS1302 的数据手册里的地址，直接把第 7 位、第 6 位和第 0 位值给出来了，最低位是"1"，则表示读，最低位是"0"则表示写，如表 12.3 所示。

表 12.3  DS1302 的时钟寄存器

| 读 | 写 | bit 7 | bit 6 | bit 5 | bit 4 | bit 3 | bit 2 | bit 1 | bit 0 | 范围 |
|---|---|---|---|---|---|---|---|---|---|---|
| 81H | 80H | CH | 秒十位 | | | 秒个位 | | | | 00~59 |
| 83H | 82H | | 分十位 | | | 分个位 | | | | 00~59 |
| 85H | 84H | 12/$\overline{24}$ | 0 | $\overline{AM/PM}$ | 时十位 | 时个位 | | | | 1~12/0~23 |
| 87H | 86H | 0 | 0 | 日十位 | | 日个位 | | | | 1~31 |
| 89H | 88H | 0 | 0 | 0 | 月十位 | 月个位 | | | | 1~12 |
| 8BH | 8AH | 0 | 0 | 0 | 0 | 0 | 星期 | | | 1~7 |
| 8DH | 8CH | 年十位 | | | | 年个位 | | | | 00~99 |
| 8FH | 8EH | WP | 0 | 0 | 0 | 0 | 0 | 0 | 0 | — |
| 91H | 90H | TCS | TCS | TCS | TCS | DS | DS | RS | RS | — |

寄存器 0：最高位 CH 是一个时钟停止标志位。如果时钟电路有备用电源，上电后，则要先检测一下这一位，如果这一位是"0"，那么说明时钟芯片在系统掉电后，由于备用电源的供给，时钟是持续正常运行的；如果这一位是"1"，那么说明时钟芯片在系统掉电后，时钟部分不工作了。如果 $V_{CC1}$ 悬空或者是电池没电了，当下次重新上电时，读取这一位，那这一位就是"1"，因此可以通过这一位判断时钟在单片机系统掉电后是否还能正常运行。剩下的 7 位中高 3 位是秒的十位，低 4 位是秒的个位，这里再提请注意一下，DS1302 内部是 BCD 码，而秒的十位最大是 5，所以 3 个二进制位就够了。

寄存器 1：最高位未使用，剩下的 7 位中高 3 位是分钟的十位，低 4 位是分钟的个位。

寄存器 2：bit7 是"1"时代表是 12 小时制，"0"代表是 24 小时制；bit6 固定是"0"；bit5 在 12 小时制下"0"代表的是上午，"1"代表的是下午，在 24 小时制下和 bit4 一起代表了小时的十位，低 4 位代表的是小时的个位。

寄存器 3：高 2 位固定是 "0"，bit5 和 bit4 是日期的十位，低 4 位是日期的个位。

寄存器 4：高 3 位固定是 "0"，bit4 是月的十位，低 4 位是月的个位。

寄存器 5：高 5 位固定是 "0"，低 3 位代表了星期。

寄存器 6：高 4 位代表了年的十位，低 4 位代表了年的个位。请特别注意，这里的 00 ~ 99 指的是 2000—2099 年。

寄存器 7：最高位是一个写保护位，如果这一位是 "1"，那么是禁止给任何其他寄存器或者那 31 个字节的 RAM 写数据的。因此在写数据之前，这一位必须先写成 "0"。

## 四、DS1302 通信时序介绍

前面介绍了 DS1302 是三线的，分别是 CE、I/O 和 SCLK，其中 CE 是使能线，SCLK 是时钟线，I/O 是数据传输线。第一节也介绍了 SPI 通信，留意的同学会发现，这个 DS1302 的通信线定义和 SPI 很相似。

事实上，DS1302 的通信是 SPI 的变异种类，它用了 SPI 的通信时序，但是通信的时候没有完全按照 SPI 的规则来，下面我们一点一点地剖析 DS1302 的变异 SPI 通信方式。

先看一下单字节写入操作，如图 12.9 所示。

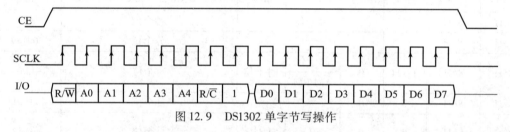

图 12.9　DS1302 单字节写操作

然后我们再对比一下 CPOL=0/CPHA=0 情况下的 SPI 的操作时序，如图 12.10 所示。

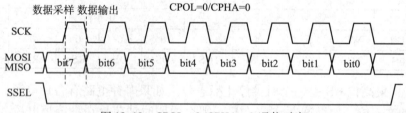

图 12.10　CPOL=0/CPHA=0 通信时序

从图 12.9 和图 12.10 的通信时序可以看出，其中 CE 和 SSEL 的使能控制是反的，对于通信写数据，都是在 SCK 的上升沿，从机进行采样，下降沿的时候，主机发送数据。在 DS1302 的时序里，单片机要预先写一个字节指令，指明要写入的寄存器的地址以及后续的操作是写操作，然后再写入一个字节的数据。

对于 DS1302 单字节读操作，就不做对比了，其时序图如图 12.11 所示，大家自己看一下即可。

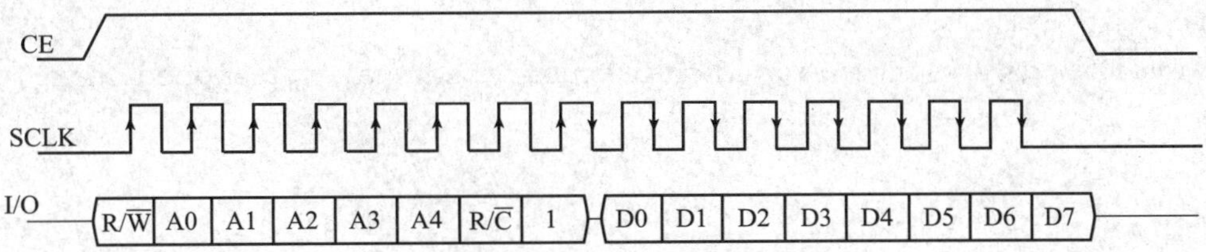

图 12.11 DS1302 单字节读操作

读操作有两处需要特别注意的地方。第一，DS1302 的时序图上的箭头都是针对 DS1302 来说的，因此读操作的时候，先写第一个字节指令，上升沿的时候 DS1302 来锁存数据，下降沿时单片机发送数据。到了第二个字节数据时，由于这个时序过程相当于 CPOL = 0/CPHA = 0 时序，前沿发送数据，后沿读取数据，第二个字节时 DS1302 下降沿输出数据，单片机上升沿时来读取，因此箭头从 DS1302 角度来说，出现在了下降沿。

第二个需要注意的地方就是，单片机没有标准的 SPI 接口，和 $I^2C$ 一样需要用 I/O 口来模拟通信过程。在读 DS1302 的时候，理论上 SPI 是上升沿读取，但是程序是用 I/O 口模拟的，所以数据的读取和时钟沿的变化不可能同时了，必然有一个先后顺序。通过实验发现，如果先读取 I/O 线上的数据，再拉高 SCLK 产生上升沿，那么读到的数据一定是正确的，而颠倒顺序后数据就有可能出错。这个问题产生的原因在于 DS1302 的通信协议与标准 SPI 协议存在的差异造成的，如果是标准 SPI 的数据线，数据会一直保持到下一个周期的下降沿才会变化，所以读取数据和上升沿的先后顺序就无所谓了；但 DS1302 的 I/O 线会在时钟上升沿后被 DS1302 释放，也就是撤销强推挽输出变为弱下拉状态，而此时在 51 单片机引脚内部上拉的作用下，I/O 线上的实际电平会慢慢上升，从而导致在上升沿产生后再读取 I/O 数据就可能出错。因此其正确程序应该按照先读取 I/O 数据，再拉高 SCLK 产生上升沿的顺序。

下面编写一个程序，先将 2013 年 10 月 8 号星期二 12 点 30 分 00 秒这个时间写到 DS1302 内部，让 DS1302 正常运行，然后再不停地读取 DS1302 的当前时间，并显示在液晶屏上。

```
/********************LCD1602.c 文件程序源代码********************/
    (此处省略,可参考之前章节的代码)
/********************main.c 文件程序源代码********************/
#include <reg52.h>
sbit DS1302_CE = P1^7;sbit DS1302_CK = P3^5;
sbit DS1302_IO = P3^4;

bit flag200ms = 0;      //200 ms 定时标志
unsigned char T0RH = 0;    //T0 重载值的高字节
unsigned char T0RL = 0;     //T0 重载值的低字节

void ConfigTimer0(unsigned int ms);
void InitDS1302();
unsigned char DS1302SingleRead(unsigned char reg);
```

```c
extern void InitLcd1602();
extern void LcdShowStr(unsigned char x,unsigned char y,unsigned char *str);

void main()
{
    unsigned char i;
    unsigned char psec = 0xAA;    //秒备份,初值 AA 确保首次读取时间后会刷新显示
    unsigned char time[8];        //当前时间数组
    unsigned char str[12];        //字符串转换缓冲区

    EA = 1;              //开总中断
    ConfigTimer0(1);     //T0 定时 1 ms
    InitDS1302();        //初始化实时时钟
    InitLcd1602();       //初始化液晶

    while (1)
    {
        if(flag200ms)    //每 200 ms 读取一次时间
        {
            flag200ms = 0;
            for (i = 0;i < 7;i ++)    //读取 DS1302 当前时间
            {
                time[i] = DS1302SingleRead(i);
            }
            if (psec != time[0])    //检测到时间有变化时刷新显示
            {
                str[0] = '2';    //添加年份的高 2 位:20
                str[1] = '0';
                str[2] = (time[6] >>4) + '0';//"年"高位数字转换为 ASCII 码
                str[3] = (time[6]&0x0F) + '0';//"年"低位数字转换为 ASCII 码
                str[4] = '-';    //添加日期分隔符
                str[5] = (time[4] >>4) + '0';    //"月"
                str[6] = (time[4]&0x0F) + '0';
                str[7] = '-';
                str[8] = (time[3] >>4) + '0';//"日"
                str[9] = (time[3]&0x0F) + '0';
                str[10] = '\0';
                LcdShowStr(0,0,str);    //显示到液晶的第一行

                str[0] = (time[5]&0x0F) + '0';    //"星期"
                str[1] = '\0';
```

```c
                    LcdShowStr(11,0,"week");
                    LcdShowStr(15,0,str);//显示到液晶的第一行
                    
                    str[0] = (time[2] >>4) + '0';//"时"
                    str[1] = (time[2]&0x0F) + '0';
                    str[2] = ':';//添加时间分隔符
                    str[3] = (time[1] >>4) + '0';//"分"
                    str[4] = (time[1]&0x0F) + '0';
                    str[5] = ':';
                    str[6] = (time[0] >>4) + '0';//"秒"
                    str[7] = (time[0]&0x0F) + '0';
                    str[8] = '\0';
                    LcdShowStr(4,1,str);//显示到液晶的第二行
                    psec = time[0];//用当前值更新上次秒数
                }
            }
        }
    }
}
/* 发送一个字节到DS1302通信总线上 */
void DS1302ByteWrite(unsigned char dat)
{
    unsigned char mask;
    for (mask=0x01;mask!=0;mask<<=1)//低位在前,逐位移出
    {
        if ((mask&dat) !=0)   //首先输出该位数据
            DS1302_IO = 1;
        else
            DS1302_IO = 0;
        DS1302_CK = 1;       //然后拉高时钟
        DS1302_CK = 0;       //再拉低时钟,完成一个位的操作
    }
    DS1302_IO = 1;           //最后确保释放I/O引脚
}
/* 从DS1302通信总线上读取一个字节 */
unsigned char DS1302ByteRead()
{
    unsigned char mask;
    unsigned char dat = 0;
    for (mask=0x01;mask!=0;mask<<=1)//低位在前,逐位读取
    {
        if (DS1302_IO !=0)//首先读取此时的I/O引脚,并设置dat中的对应位
        {
            dat |= mask;
```

```c
        }
        DS1302_CK = 1;        //然后拉高时钟
        DS1302_CK = 0;        //再拉低时钟,完成一个位的操作
    }
    return dat;               //最后返回读到的字节数据
}
/*用单次写操作向某一寄存器写入一个字节,reg 为寄存器地址,dat 为待写入字节*/
void DS1302SingleWrite(unsigned char reg,unsigned char dat)
{
    DS1302_CE = 1;                         //使能片选信号
    DS1302ByteWrite((reg<<1)|0x80);//发送写寄存器指令
    DS1302ByteWrite(dat);                  //写入字节数据
    DS1302_CE = 0;                         //除能片选信号
}
/*用单次读操作从某一寄存器读取一个字节,reg 为寄存器地址,返回值为读到的字节*/
unsigned char DS1302SingleRead(unsigned char reg)
{
    unsigned char dat;
    DS1302_CE = 1;                         //使能片选信号
    DS1302ByteWrite((reg<<1)|0x81);//发送读寄存器指令
    DS1302ByteRead();                      //读取字节数据
    DS1302_CE = 0;                         //除能片选信号
    return dat;
}
/* DS1302 初始化,如发生掉电则重新设置初始时间 */
void InitDS1302()
{
    unsigned char i;
    unsigned char code InitTime[ ] = {0x00,0x30,0x12,0x08,0x10,0x02,
0x13};  //2013 年 10 月 8 日 星期二 12:30:00
    DS1302_CE = 0;        //初始化 DS1302 通信引脚
    DS1302_CK = 0;
    i = DS1302SingleRead(0);//读取秒寄存器
    if ((i & 0x80) != 0)     //由秒寄存器最高位 CH 的值判断 DS1302 是否已停止
    {
        DS1302SingleWrite(7,0x00);   //撤销写保护以允许写入数据
        for (i = 0;i < 7;i ++)        //设置 DS1302 为默认的初始时间
        {
            DS1302SingleWrite(i,InitTime[i]);
```

            }
        }
}
/* 配置并启动T0,ms为T0定时时间 */
void ConfigTimer0(unsigned int ms)
{
    unsigned long tmp;            //临时变量
    tmp = 11059200/12;            //定时器计数频率
    tmp = (tmp * ms)/1000;        //计算所需的计数值
    tmp = 65536 - tmp;            //计算定时器重载值
    tmp = tmp + 12;               //补偿中断响应延时造成的误差
    T0RH = (unsigned char)(tmp >> 8);  //定时器重载值拆分为高低字节
    T0RL = (unsigned char)tmp;
    TMOD &= 0xF0;                 //清零T0的控制位
    TMOD |= 0x01;                 //配置T0为模式1
    TH0 = T0RH;                   //加载T0重载值
    TL0 = T0RL;
    ET0 = 1;                      //使能T0中断
    TR0 = 1;                      //启动T0
}
/* T0中断服务函数,执行200 ms定时 */
void InterruptTimer0() interrupt 1
{
    static unsigned char tmr200ms = 0;
    TH0 = T0RH;    //重新加载重载值
    TL0 = T0RL;
    tmr200ms ++;
    if (tmr200ms >= 200)  //定时200 ms
    {
        tmr200ms = 0;
        flag200ms = 1;
    }
}
```

前边学习了 I²C 和 EEPROM 的底层读写时序,而 DS1302 的底层读写时序程序的实现方法是与之类似的,这里就不过多解释了,大家自己认真揣摩一下。

## 五、DS1302 的 BURST 模式(突发模式)

进行产品开发的时候,逻辑的严谨性非常重要,如果一个产品或者程序逻辑上不严谨,
```

就有可能出现功能上的错误。比如上一节里的这个程序,当单片机定时器时间到了200 ms后,就能连续把DS1302的时间参数的7个字节读出来。但是不管怎么读,都会有一个时间差,在极端的情况下就会出现这样一种情况:假如当前的时间是00:00:59,如果先读秒,读到的秒是59,然后再去读分钟,而就在读完秒到还未开始读分钟的这段时间内,刚好时间进位了,变成了00:01:00这个时间,那么读到的分钟就是01,显示在液晶上就会出现一个00:01:59,这个时间很明显是错误的。虽然出现这个问题的概率极小,但是实实在在可能存在。

为了解决这个问题,芯片厂家肯定会提供一种解决方案,这就是DS1302的突发模式。突发模式也分为RAM突发模式和时钟突发模式,RAM部分这里不做介绍,此处只介绍和时钟相关的时钟突发模式。

当写指令到DS1302的时候,只要将要写的5位地址全部写"1",即读操作用0xBF,写操作用0xBE,将这样的指令送给DS1302之后,它就会自动识别出来是BURST模式,马上把所有的8个字节同时锁存到另外的8个字节的寄存器缓冲区内,这样时钟继续走,而我们读数据是从另外一个缓冲区内读取的。同样的道理,如果用BURST模式写数据,那么也是先写到这个缓冲区内,最终DS1302会把这个缓冲区内的数据一次性送到它的时钟寄存器内。

要注意的是,不管是读还是写,只要使用时钟的BURST模式,则必须一次性读写8个寄存器,即把时钟的寄存器完全读出来或者完全写进去。

下边就提供一个BURST模式的例程给大家学习一下,程序的功能还是与上一节一样的。

```
/***************LCD1602.c 文件程序源代码 ************************/
            (此处省略,可参考之前章节的代码)
/***************main.c 文件程序源代码 ************************/
#include <reg52.h>
sbit DS1302_CE = P1^7;
sbit DS1302_CK = P3^5;
sbit DS1302_IO = P3^4;
bit flag200ms = 0;           //200 ms 定时标志
unsigned char T0RH = 0;      //T0 重载值的高字节
unsigned char T0RL = 0;      //T0 重载值的低字节
Void Config Timer0(unsigned int ms);
void InitDS1302();
voidDS1302BurstRead(unsigned char *dat);
extern void InitLcd1602();
extern void LcdShowStr(unsigned char x,unsigned char y,unsigned char *str);

void main()
{
    unsigned char psec =0xAA;//秒备份,初值 AA 确保首次读取时间后会刷新显示
    unsigned char time[8];//当前时间数组
```

```c
unsigned char str[12];//字符串转换缓冲区
EA = 1;         //开总中断
ConfigTimer0(1);    //T0 定时 1 ms
InitDS1302();       //初始化实时时钟
InitLcd1602();      //初始化液晶
while (1)
{
    if (flag200ms)   //每 200 ms 依次读取时间
    {
        flag200ms = 0;
        DS1302BurstRead(time);//读取 DS1302 当前时间
        if (psec != time[0])   //检测到时间有变化时刷新显示
        {
            str[0] = '2';//添加年份的高 2 位:20
            str[1] = '0';
            str[2] = (time[6] >>4) + '0';//"年"高位数字转换为ASCII 码
            str[3] = (time[6]&0x0F) + '0';//"年"低位数字转换为ASCII 码
            str[4] = '-';//添加日期分隔符
            str[5] = (time[4] >>4) + '0';//"月"
            str[6] = (time[4]&0x0F) + '0';
            str[7] = '-';
            str[8] = (time[3] >>4) + '0';//"日"
            str[9] = (time[3]&0x0F) + '0';
            str[10] = '\0';
            LcdShowStr(0,0,str);//显示到液晶的第一行
            str[0] = (time[5]&0x0F) + '0';//"星期"
            str[1] = '\0';
            LcdShowStr(11,0,"week");
            LcdShowStr(15,0,str);//显示到液晶的第一行
            str[0] = (time[2] >>4) + '0';//"时"
            str[1] = (time[2]&0x0F) + '0';
            str[2] = ':';//添加时间分隔符
            str[3] = (time[1] >>4) + '0';//"分"
            str[4] = (time[1]&0x0F) + '0';
            str[5] = ':';
            str[6] = (time[0] >>4) + '0';//"秒"
            str[7] = (time[0]&0x0F) + '0';
            str[8] = '\0';
            LcdShowStr(4,1,str);//显示到液晶的第二行

            psec = time[0];//用当前值更新上次秒数
        }
    }
}
```

```c
/*发送一个字节到DS1302通信总线上*/
void DS1302ByteWrite(unsigned char dat)
{
    unsigned char mask;
    for (mask=0x01;mask!=0;mask<<=1) //低位在前,逐位移出
    {
        if ((mask&dat)!=0)  //首先输出该位数据
            DS1302_IO=1;
        else
            DS1302_IO=0;
        DS1302_CK=1;          //然后拉高时钟
        DS1302_CK=0;          //再拉低时钟,完成一个位的操作
    }
    DS1302_IO=1;              //最后确保释放I/O引脚
}

/*从DS1302通信总线上读取一个字节*/
unsigned char DS1302ByteRead()
{
    unsigned char mask;
    unsigned char dat=0;
    for (mask=0x01;mask!=0;mask<<=1)  //低位在前,逐位读取
    {
        if (DS1302_IO!=0)   //首先读取此时的I/O引脚,并设置dat中的对应位
        {
            dat |=mask;
        }
        DS1302_CK=1;          //然后拉高时钟
        DS1302_CK=0;          //再拉低时钟,完成一个位的操作
    }
    return dat;               //最后返回读到的字节数据
}

/*用单次写操作向某一寄存器写入一个字节,reg为寄存器地址,dat为待写入字节*/
void DS1302SingleWrite(unsigned char reg,unsigned char dat)
{
    DS1302_CE=1;                              //使能片选信号
    DS1302ByteWrite((reg<<1)|0x80);           //发送写寄存器指令
    DS1302ByteWrite(dat);                     //写入字节数据
    DS1302_CE=0;                              //除能片选信号
```

```c
/*用单次读操作从某一寄存器读取一个字节,reg为寄存器地址,返回值为读到的字节 */
unsigned char DS1302SingleRead(unsigned char reg)
{
    unsigned char dat;
    DS1302_CE = 1;         //使能片选信号
    DS1302ByteWrite((reg<<1)|0x81);   //发送读寄存器指令
    dat = DS1302ByteRead();       //读取字节数据
    DS1302_CE = 0;//除能片选信号
    return dat;
}
/*用突发模式连续写入8个寄存器数据,dat为待写入数据指针 */
void DS1302BurstWrite(unsigned char *dat)
{
    unsigned char i;
    DS1302_CE = 1;
    DS1302ByteWrite(0xBE);  //发送突发写寄存器指令
    for (i=0;i<8;i++)       //连续写入8字节数据
    {
        DS1302ByteWrite(dat[i]);
    }
    DS1302_CE = 0;
}
/*用突发模式连续读取8个寄存器的数据,dat为读取数据的接收指针 */
void DS1302BurstRead(unsigned char *dat)
{
    unsigned char i;
    DS1302_CE = 1;
    DS1302ByteWrite(0xBF);  //发送突发读寄存器指令
    for (i=0;i<8;i++)       //连续读取8个字节
    {
        dat[i] = DS1302ByteRead();
    }
    DS1302_CE = 0;
}
/* DS1302初始化,如发生掉电则重新设置初始时间 */
void InitDS1302()
{
    unsigned char dat;
```

```c
    unsigned char code InitTime[] = {0x00,0x30,0x12,0x08,0x10,0x02,
0x13};//2013年10月8日星期二12:30:00

    DS1302_CE = 0;        //初始化DS1302通信引脚
    DS1302_CK = 0;
    dat = DS1302SingleRead(0);//读取秒寄存器
    if((dat & 0x80)!=0)           //由秒寄存器最高位CH的值判断DS1302是否已停止
    {
        DS1302SingleWrite(7,0x00);       //撤销写保护以允许写入数据
        DS1302BurstWrite(InitTime);      //设置DS1302为默认的初始时间
    }
}
/* 配置并启动T0,ms为T0定时时间 */
void ConfigTimer0(unsigned int ms)
{
    unsigned long tmp;           //临时变量
    tmp = 11059200/12;           //定时器计数频率
    tmp = (tmp * ms)/1000;       //计算所需的计数值
    tmp = 65536 - tmp;           //计算定时器重载值
    tmp = tmp +12;               //补偿中断响应延时造成的误差
    T0RH = (unsigned char)(tmp>>8);     //定时器重载值拆分为高低字节
    T0RL = (unsigned char)tmp;
    TMOD &= 0xF0;                //清零T0的控制位
    TMOD |= 0x01;                //配置T0为模式1
    TH0 = T0RH;                  //加载T0重载值
    TL0 = T0RL;
    ET0 = 1;                     //使能T0中断
    TR0 = 1;                     //启动T0
}
/* T0中断服务函数,执行200 ms定时 */
void InterruptTimer0() interrupt 1
{
    static unsigned char tmr200ms = 0;
    TH0 = T0RH;      //重新加载重载值
    TL0 = T0RL;
    tmr200ms ++;
    if (tmr200ms >= 200)    //定时200ms
    {
        tmr200ms = 0;
```

```
    flag200ms =1;
  }
}
```

## 第三节 复合数据类型

在前边介绍的数据类型，主要是字符型、整型、浮点型等基本类型，而数组的定义要求数组元素必须是相同的数据类型。在实际应用中，有时候还需要把不同类型的数据组成一个有机的整体来处理，这些组合在一个整体中的数据之间还有一定的联系，比如一个学生的姓名、性别、年龄、考试成绩等，这就引入了复合数据类型。复合数据类型主要包含结构体数据类型、共用体数据类型和枚举数据类型。

### 一、结构体数据类型

先回顾一下上面的例程，如果把 DS1302 的 7 个字节的时间放到一个缓冲数组中，然后把数组中的值稍作转换显示到液晶上，这样就存在一个小问题，DS1302 时间寄存器的定义并不是我们常用的"年月日时分秒"的顺序，而是在中间加了一个字节的"星期几"，而且每当我们要用这个时间的时候都要清楚地记得数组的第几个元素表示的是什么，这样一来，一是很容易出错，二是程序的可读性不强。当然也可以把每一个元素都定一个明确的变量名字，这样就不容易出错也易读了，但结构上却显得很零散。于是，可以用结构体来将这一组彼此相关的数据做一个封装，它们既组成了一个整体，易读不易错，而且可以单独定义其中每一个成员的数据类型，比如年份用 unsigned int 类型，即用 4 个十进制位来表示显然比用 2 位更符合日常习惯，而其他的类型还是可以用 2 位来表示。结构体本身不是一个基本的数据类型，而是构造的，它的每个成员可以是一个基本的数据类型或者是一个构造类型。

结构体既然是一种构造而成的数据类型，那么在使用之前必须先定义它。声明结构体变量的一般格式如下：

```
struct 结构体名
{
类型 1 变量名 1;
类型 2 变量名 2;
…
类型 n 变量名 n;
} 结构体变量名 1,结构体变量名 2,…,结构体变量名 n;
```

这种声明方式是在声明结构体类型的同时又用它定义了结构体变量，此时的结构体名是可以省略的，但如果省略后，就不能在别处再次定义这样的结构体变量了。这种方式把类型定义和变量定义混在了一起，降低了程序的灵活性和可读性，因此并不建议采用这种方式，而是推荐用以下这种方式：

```
struct  结构体名
{
类型1 变量名1;
类型2 变量名2;
…
类型n 变量名n;
};
struct 结构体名 结构体变量名1,结构体变量名2,…,结构体变量名n;
```

为了方便大家理解,我们来构造一个实际的表示日期时间的结构体。

```
struct sTime
{//日期时间结构体定义
unsigned int year;//年
unsigned char mon;//月
unsigned char day;//日
unsigned char hour;//时
unsigned char min;//分
unsigned char sec;//秒
unsigned char week;//星期
};
struct sTime bufTime;
```

struct 是结构体类型的关键字,sTime 是这个结构体的名字,bufTime 就是定义了一个具体的结构体变量。如果要给结构体变量的成员赋值,写法是:

```
bufTime.year=0x2013;bufTime.mon=0x10;
```

数组的元素也可以是结构体类型,因此可以构成结构体数组,结构体数组的每一个元素都是具有相同结构类型的结构体变量。例如上面构造的这个结构类型,直接定义成"struct sTime bufTime[3];"就表示定义了一个结构体数组,这个数组的3个元素,每一个都是一个结构体变量。同样的道理,结构体数组中的元素的成员如果需要赋值,就可以写成:

```
bufTime[0].year=0x2013;bufTime[0].mon=0x10;
```

一个指针变量如果指向了一个结构体变量的时候,称之为结构体指针变量。结构体指针变量是指向的结构体变量的首地址,通过结构体指针也可以访问到这个结构体变量。

结构体指针变量声明的一般形式如下:

```
struct sTime *pbufTime;
```

这里要特别注意的是,使用结构体指针对结构体成员的访问,和使用结构体变量名对结构体成员的访问,其表达式有所不同。结构体指针对结构体成员的访问表达式为:

```
pbufTime->year = 0x2013;
```
或者是
```
(*pbufTime).year = 0x2013;
```

很明显前者更简洁，所以推荐大家使用前者。

## 二、共用体数据类型

共用体也称为联合体，共用体定义和结构体十分类似，同样地推荐以下形式：

```
union 共用体名
{
数据类型1 成员名1;
数据类型2 成员名2;
...
数据类型n 成员名n;
};
union 共用体名 共用体变量;
```

共用体表示的是几个变量共用一个内存位置，也就是成员1、成员2、……、成员n 都用一个内存位置。共用体成员的访问方式和结构体是一样的，成员访问的方式是：共用体名.成员名；使用指针来访问的方式是：共用体名 -> 成员名。

共用体可以出现在结构体内，结构体也可以出现在共用体内，在编程的日常应用中，应用最多的是结构体出现在共用体内，例如：

```
union
{
unsigned int value;struct
{
unsigned char first;unsigned char second;
} half;
} number;
```

这样将一个结构体定义到一个共用体内部，如果采用无符号整型赋值的时候，直接调用 value 这个变量，同时，也可以通过访问或赋值给 first 和 second 这两个变量来访问或修改 value 的高字节和低字节。

这样看起来似乎是可以高效率地在 int 型变量和它的高低字节之间切换访问，但请回想一下，我们在介绍数据指针的时候就曾提到过，多字节变量的字节顺序取决于单片机架构和编译器，并非是固定不变的，所以这种方式写好的程序代码在换到另一种单片机和编译环境后，就有可能是错的，从安全和可移植的角度来讲，这样的代码是存在隐患的，所以现在诸多以安全为首要诉求的 C 语言编程规范里干脆直接禁止使用共用体。我们虽然不禁止，但也不推荐使用，除非你清楚地了解你所使用的开发环境的实现细节。

共用体和结构体的主要区别如下：
(1) 结构体和共用体都是由多个不同的数据类型成员组成，但在任何一个时刻，共用体只能存放一个被选中的成员，而结构体所有的成员都存放。
(2) 对于共用体的不同成员的赋值，将会改变其他成员的值，而对于结构体不同成员的赋值是相互之间不影响的。

## 三、枚举数据类型

在实际问题中，有些变量的取值被限定在一个有限的范围内。例如，一个星期从周一到周日有 7 天，一年从 1 月到 12 月有 12 个月，蜂鸣器有响和不响两种状态等。如果把这些变量定义成整型或者字符型不是很合适，因为这些变量都有自己的范围。C 语言提供了一种称为"枚举"的类型，在枚举类型的定义中列举出所有可能的值，并可以为每一个值取一个形象化的名字，它的这一特性可以提高程序代码的可读性。

枚举的说明形式如下：

```
enum 枚举名
{
标识符1[ =整型常数],
标识符2[ =整型常数],
…
标识符n[ =整型常数]
};
enum 枚举名 枚举变量;
```

枚举的说明形式中，如果没有被初始化，那么" =整型常数"是可以被省略的，如果是默认值，则从第一个标识符顺序赋值 0、1、2、…，但是当枚举中任何一个成员被赋值后，它后边的成员按照依次加 1 的规则确定数值。

使用枚举数据类型时，有以下几点要注意：
(1) 枚举中每个成员结束符是逗号，而不是分号，最后一个成员可以省略逗号。
(2) 枚举成员的初始化值可以是负数，但是后边的成员依然依次加 1。
(3) 枚举变量只能取枚举结构中的某个标识符常量，不可以在范围之外。

## 四、电子钟实例

共用体除非必要，否则不推荐使用，枚举的用法比较简单，这里我们先来练习一下结构体的使用。下边这个程序的功能是一个带日期的电子钟，相当于一个简易万年历了，并且加入了按键调时功能。学有余力的同学看到这里，不妨先不看我们提供的代码，自己写写试试。如果能够独立写一个按键可调的万年历程序，可以说你的单片机基本入门了。如果自己还不能够独立完成这个程序，那么先抄，并且理解，而后自己独立默写出来，并且要边默写边理解。

本例直接忽略了星期这项内容，通过上、下、左、右、回车、ESC 这 6 个按键可以调整时间。这也是一个具有综合练习性质的实例，虽然在功能实现上没有多少难度，但要进行的操作却比较多而且烦琐,同学们可以从中体会到把繁杂的功能实现分解为一步步函数操作的必要性以及方便灵活性。下面简单说一下这个程序的几个要点,方便大家阅读理解程序:

(1) 把 DS1302 的底层操作封装为一个 DS1302.c 文件,对上层应用提供基本的实时时间的操作接口,这个文件也是我们的又一个功能模块了,这样我们的积累也就越来越多了。

(2) 定义一个结构体类型 sTime 用来封装日期时间的各个元素,又用该结构体定义了一个时间缓冲区变量 bufTime 来暂存从 DS1302 读出的时间和设置时间时的设定值。需要注意的是在其他文件中要使用这个结构体变量时,必须首先再声明一次 sTime 类型。

(3) 定义一个变量 setIndex 来控制当前是否处于设置时间的状态,以及设置时间的哪一位,该值为"0"表示正常运行,1~12 分别代表可以修改日期时间的 12 个位。

(4) 由于这个程序功能要进行时间调整,用到了 LCD1602 液晶的光标功能,添加了设置光标的函数,如果要改变哪一位的数字,就在 LCD1602 对应位置上进行光标闪烁,所以 LCD1602.c 在之前文件的基础上添加了两个控制光标的函数。

(5) 时间的显示、增减、设置移位等上层功能函数都放在 main.c 中来实现,当按键需要这些函数时则在按键文件中做外部声明,这样做是为了避免一组功能函数分散在不同的文件内而使程序显得凌乱。

```
/*******************DS1302.c 文件程序源代码***************************/

#include <reg52.h>

sbit DS1302_CE = P1^7;sbit DS1302_CK = P3^5;
sbit DS1302_IO = P3^4;

struct sTime     //日期时间结构体定义
    {
    unsigned int year;//年
    unsigned char mon;//月
    unsigned char day;//日
    unsigned char hour;//时
    unsigned char min;//分
    unsigned char sec;//秒
    unsigned char week;//星期
    };

/*发送一个字节到 DS1302 通信总线上*/
void DS1302ByteWrite(unsigned char dat)
{
    unsigned char mask;

    for (mask = 0x01;mask! = 0;mask <<= 1)//低位在前,逐位移出
```

```c
        {
            if ((mask&dat) != 0)    //首先输出该位数据
                DS1302_IO = 1;
            else
                DS1302_IO = 0;
            DS1302_CK = 1;          //然后拉高时钟
            DS1302_CK = 0;          //再拉低时钟,完成一个位的操作
        }
        DS1302_IO = 1;              //最后确保释放I/O引脚
}
/* 从DS1302通信总线上读取一个字节 */
unsigned char DS1302ByteRead()
{
    unsigned char mask;
    unsigned char dat = 0;

    for (mask = 0x01; mask != 0; mask <<= 1)  //低位在前,逐位读取
    {
        if (DS1302_IO != 0)    //首先读取此时的I/O引脚,并设置dat中的对应位
        {
            dat |= mask;
        }
        DS1302_CK = 1;         //然后拉高时钟
        DS1302_CK = 0;         //再拉低时钟,完成一个位的操作
    }
    return dat;                //最后返回读到的字节数据
}
/* 用单次写操作向某一寄存器写入一个字节,reg为寄存器地址,dat为待写入字节 */
void DS1302SingleWrite(unsigned char reg, unsigned char dat)
{
    DS1302_CE = 1;                         //使能片选信号
    DS1302ByteWrite((reg<<1)|0x80);        //发送写寄存器指令
    DS1302ByteWrite(dat);                  //写入字节数据
    DS1302_CE = 0;                         //除能片选信号
}
/* 用单次读操作从某一寄存器读取一个字节,reg为寄存器地址,返回值为读到的字节 */
unsigned char DS1302SingleRead(unsigned char reg)
{
    unsigned char dat;
```

```c
    DS1302_CE = 1;                           //使能片选信号
    DS1302ByteWrite((reg<<1)|0x81);          //发送读寄存器指令
    dat = DS1302ByteRead();                  //读取字节数据
    DS1302_CE = 0;                           //除能片选信号

    return dat;
}
/* 用突发模式连续写入8个寄存器数据,dat为待写入数据指针 */
void DS1302BurstWrite(unsigned char *dat)
{
    unsigned char i;

    DS1302_CE = 1;
    DS1302ByteWrite(0xBE);                   //发送突发写寄存器指令
    for (i=0;i<8;i++)                        //连续写入8字节数据
    {
        DS1302ByteWrite(dat[i]);
    }
    DS1302_CE = 0;
}
/* 用突发模式连续读取8个寄存器的数据,dat为读取数据的接收指针 */
void DS1302BurstRead(unsigned char *dat)
{
    unsigned char i;

    DS1302_CE = 1;
    DS1302ByteWrite(0xBF);                   //发送突发读寄存器指令
    for (i=0;i<8;i++)                        //连续读取8个字节
    {
        dat[i] = DS1302ByteRead();
    }
    DS1302_CE = 0;
}
/* 获取实时时间,即读取DS1302当前时间并转换为时间结构体格式 */
void GetRealTime(struct sTime *time)
{
    unsigned char buf[8];

    DS1302BurstRead(buf);
```

```c
    time->year = buf[6] + 0x2000;
    time->mon = buf[4];
    time->day = buf[3];
    time->hour = buf[2];
    time->min = buf[1];
    time->sec = buf[0];
    time->week = buf[5];
}
/*设定实时时间,将时间结构体格式的设定时间转换为数组并写入DS1302*/
void SetRealTime(struct sTime *time)
{
    unsigned char buf[8];
    
    buf[7] = 0;
    buf[6] = time->year;
    buf[5] = time->week;
    buf[4] = time->mon;
    buf[3] = time->day;
    buf[2] = time->hour;
    buf[1] = time->min;
    buf[0] = time->sec;
    DS1302BurstWrite(buf);
}
/* DS1302初始化,如发生掉电则重新设置初始时间 */
void InitDS1302()
{
    unsigned char dat;
    struct sTime code InitTime[] = {
    0x2013,0x10,0x08,0x12,0x30,0x00,0x02};//2013年10月8日12:30:00 星期二
    
    DS1302_CE = 0;    //初始化DS1302通信引脚
    DS1302_CK = 0;
    dat = DS1302SingleRead(0);    //读取秒寄存器
    if ((dat & 0x80) != 0)    //由秒寄存器最高位CH的值判断DS1302是否已停止
    {
        DS1302SingleWrite(7,0x00);    //撤销写保护以允许写入数据
        SetRealTime(&InitTime);    //设置DS1302为默认的初始时间
    }
}
```

DS1302.c 最终向外提供与具体时钟芯片寄存器位置无关的、由时间结构类型 sTime 作为接口的实时时间的读取和设置函数,如此处理体现了我们前面提到过的层次化编程的思想。应用层可以不关心底层实现细节,底层实现的改变也不会对应用层造成影响,比如说日后你可能需要换一款时钟芯片,而它与 DS1302 的操作和时间寄存器顺序是不同的,那么你需要做的也仅是针对这款新的时钟芯片设计出底层操作函数,最终提供同样的以 sTime 为接口的操作函数即可,应用层无须做任何的改动。

```c
/*************  *****LCD1602.c 文件程序源代码********************/
#include <reg52.h>
#define LCD1602_DB P0

sbit LCD1602_RS = P1^0;
sbit LCD1602_RW = P1^1;
sbit LCD1602_E = P1^5;

/* 等待液晶准备好 */
void LcdWaitReady()
{
    unsigned char sta;
    LCD1602_DB = 0xFF;
    LCD1602_RS = 0;
    LCD1602_RW = 1;
    do {
        LCD1602_E = 1;
        sta = LCD1602_DB;  //读取状态字
        LCD1602_E = 0;
    } while (sta & 0x80);  //bit7 等于 1 表示液晶正忙,重复检测直到其等于 0 为止
}
/* 向 LCD1602 液晶写入一字节命令,cmd 为待写入命令值 */
void LcdWriteCmd(unsigned char cmd)
{
    LcdWaitReady();
    LCD1602_RS = 0;
    LCD1602_RW = 0;
    LCD1602_DB = cmd;
    LCD1602_E = 1;
    LCD1602_E = 0;
}
/* 向 LCD1602 液晶写入一字节数据,dat 为待写入数据值 */
void LcdWriteDat(unsigned char dat)
{
```

```c
    LcdWaitReady();
    LCD1602_RS = 1;
    LCD1602_RW = 0;
    LCD1602_DB = dat;
    LCD1602_E = 1;
    LCD1602_E  = 0;
}
/*设置显示RAM起始地址,亦即光标位置,(x,y)为对应屏幕上的字符坐标 */
void LcdSetCursor(unsigned char x,unsigned char y)
{
    unsigned char addr;
    if (y == 0)//由输入的屏幕坐标计算显示RAM的地址
        addr = 0x00 + x;//第一行字符地址从0x00起始
    else
        addr = 0x40 + x;//第二行字符地址从0x40起始
    LcdWriteCmd(addr | 0x80);//设置RAM地址
}
/*在液晶上显示字符串,(x,y)为对应屏幕上的起始坐标,str为字符串指针 */
void LcdShowStr(unsigned char x,unsigned char y,unsigned char *str)
{
    LcdSetCursor(x,y);//设置起始地址
    while (*str != '\0')//连续写入字符串数据,直到检测到结束符
    {
        LcdWriteDat(*str++);
    }
}
/*打开光标的闪烁效果 */
void LcdOpenCursor()
{
    LcdWriteCmd(0x0F);
}
/*关闭光标显示 */
void LcdCloseCursor()
{
    LcdWriteCmd(0x0C);
}
/*初始化LCD1602液晶 */
void InitLcd1602()
{
```

```
    LcdWriteCmd(0x38);   //16×2 显示,5×7 点阵,8 位数据接口
    LcdWriteCmd(0x0C);   //显示器开,光标关闭
    LcdWriteCmd(0x06);   //文字不动,地址自动+1
    LcdWriteCmd(0x01);   //清屏
}
```

为了本例的具体需求,在之前文件的基础上添加两个控制光标效果打开和关闭的函数,虽然函数都很简单,但为了保持程序整体上良好的模块化和层次化,还是应该在液晶驱动文件内以函数的形式提供,而不是由应用层代码直接来调用具体的液晶写命令操作。

```
/********************keyboard.c 文件程序源代码********************/
    (此处省略,可参考之前章节的代码)
/********************main.c 文件程序源代码********************/
    #include <reg52.h>
    struct sTime{          //日期时间结构体定义
    unsigned int year;
    unsigned char mon;
    unsigned char day;
    unsigned char hour;
    unsigned char min;
    unsigned char sec;
    unsigned char week;
    };

    bit flag200ms =1;//200 ms 定时标志
    struct sTime bufTime;//日期时间缓冲区
    unsigned char setIndex =0;//时间设置索引
    unsigned char T0RH =0;//T0 重载值的高字节
    unsigned char T0RL =0;//T0 重载值的低字节

    void ConfigTimer0(unsigned int ms);
    void RefreshTimeShow();
    extern void InitDS1302();
    extern void GetRealTime(struct sTime *time);
    extern void SetRealTime(struct sTime *time);
    extern void KeyScan();
    extern void KeyDriver();
    extern void InitLcd1602();
    extern void LcdShowStr(unsigned char x,unsigned char y,unsigned char *str);
```

```c
extern void LcdSetCursor(unsigned char x,unsigned char y);
extern void LcdOpenCursor();
extern void LcdCloseCursor();

void main()
{
    unsigned char psec = 0xAA; //秒备份,初值AA确保首次读取时间后会刷新显示

    EA = 1;             //开总中断
    ConfigTimer0(1);    //T0定时1 ms
    InitDS1302();       //初始化实时时钟
    InitLcd1602();      //初始化液晶

    //初始化屏幕上固定不变的内容
    LcdShowStr(3,0,"20 - - ");
    LcdShowStr(4,1,"::");

    while (1)
    {
        KeyDriver();//调用按键驱动
        if (flag200ms && (setIndex ==0))
        {
            flag200ms = 0;              //每隔200 ms且未处于设置状态时,
            GetRealTime(&bufTime);      //获取当前时间
            if (psec != bufTime.sec)    //检测到时间有变化时刷新显示
            {
                RefreshTimeShow();
                psec = bufTime.sec;     //用当前值更新上次秒数
            }
        }
    }
}
/*将一个BCD码字节显示到屏幕上,(x,y)为屏幕起始坐标,bcd为待显示BCD码*/
void ShowBcdByte(unsigned char x,unsigned char y,unsigned char bcd)
{
    unsigned char str[4];

    str[0] = (bcd >>4) + '0';
    str[1] = (bcd&0x0F) + '0';
```

```c
    str[2] = '\0';
    LcdShowStr(x,y,str);
}
/* 刷新日期时间的显示 */
void RefreshTimeShow()
{
    ShowBcdByte(5,0,bufTime.year);
    ShowBcdByte(8, 0,bufTime.mon);
    ShowBcdByte(11,0,bufTime.day);
    ShowBcdByte(4,1,bufTime.hour);
    ShowBcdByte(7, 1,bufTime.min);
    ShowBcdByte(10,1,bufTime.sec);
}
/* 刷新当前设置位的光标指示 */
void RefreshSetShow()
{
    switch (setIndex)
    {
        case 1:  LcdSetCursor(5,0);break;
        case 2:  LcdSetCursor(6,0);break;
        case 3:  LcdSetCursor(8,0);break;
        case 4:  LcdSetCursor(9,0);break;
        case 5:  LcdSetCursor(11,0);break;
        case 6:  LcdSetCursor(12,0);break;
        case 7:  LcdSetCursor(4,1);break;
        case 8:  LcdSetCursor(5,1);break;
        case 9:  LcdSetCursor(7,1);break;
        case 10:LcdSetCursor(8, 1);break;
        case 11:LcdSetCursor(10,1);break;
        case 12:LcdSetCursor(11,1);break;
        default:break;
    }
}
/* 递增一个 BCD 码的高位 */
unsigned char IncBcdHigh(unsigned char bcd)
{
    if ((bcd&0xF0) < 0x90)
        bcd += 0x10;
    else
        bcd &= 0x0F;
```

```c
    return bcd;
}
/*递增一个BCD码的低位*/
unsigned char IncBcdLow(unsigned char bcd)
{
    if ((bcd&0x0F) < 0x09)
        bcd += 0x01;
    else
        bcd &= 0xF0;

    return bcd;
}
/*递减一个BCD码的高位*/
unsigned char DecBcdHigh(unsigned char bcd)
{
    if ((bcd&0xF0) > 0x00)
        bcd -= 0x10;
    else
        bcd |= 0x90;

    return bcd;
}
/*递减一个BCD码的低位*/
unsigned char DecBcdLow(unsigned char bcd)
{
    if ((bcd&0x0F) > 0x00)
        bcd -= 0x01;
    else
        bcd |= 0x09;
    return bcd;
}
/*递增时间当前设置位的值*/
void IncSetTime()
{
    switch (setIndex)
    {
        case 1:bufTime.year = IncBcdHigh(bufTime.year);break;
        case 2:bufTime.year = IncBcdLow(bufTime.year);break;
```

```c
        case 3:bufTime.mon = IncBcdHigh(bufTime.mon);   break;
        case 4:   bufTime.mon = IncBcdLow(bufTime.mon);break;
        case 5:bufTime.day = IncBcdHigh(bufTime.day);   break;
        case 6:   bufTime.day = IncBcdLow(bufTime.day);break;
        case 7:bufTime.hour = IncBcdHigh(bufTime.hour);break;
        case 8:bufTime.hour = IncBcdLow(bufTime.hour);break;
        case 9:bufTime.min = IncBcdHigh(bufTime.min);   break;
        case 10:bufTime.min = IncBcdLow(bufTime.min);break;
        case 11:bufTime.sec = IncBcdHigh(bufTime.sec); break;
        case 12:bufTime.sec = IncBcdLow(bufTime.sec);break;
        default:break;
    }
    RefreshTimeShow();
    RefreshSetShow();
}
/*递减时间当前设置位的值*/
void DecSetTime()
{
    switch(setIndex)
    {
        case 1:bufTime.year = DecBcdHigh(bufTime.year);break;
        case 2:bufTime.year = DecBcdLow(bufTime.year);break;
        case 3:bufTime.mon = DecBcdHigh(bufTime.mon);   break;
        case 4:   bufTime.mon = DecBcdLow(bufTime.mon);break;
        case 5:bufTime.day = DecBcdHigh(bufTime.day);break;
        case 6:   bufTime.day = DecBcdLow(bufTime.day);   break;
        case 7:bufTime.hour = DecBcdHigh(bufTime.hour);break;
        case 8:bufTime.hour = DecBcdLow(bufTime.hour);break;
        case 9:bufTime.min = DecBcdHigh(bufTime.min);break;
        case 10:bufTime.min = DecBcdLow(bufTime.min);break;
        case 11:bufTime.sec = DecBcdHigh(bufTime.sec);break;
        case 12:bufTime.sec = DecBcdLow(bufTime.sec);break;
        default:break;
    }
    RefreshTimeShow();
    RefreshSetShow();
}
/*右移时间设置位*/
void RightShiftTimeSet()
```

```c
    if(setIndex!=0)
    {
        if(setIndex<12)
            setIndex++;
        else
            setIndex=1;
        RefreshSetShow();
    }
}

/*左移时间设置位*/
void LeftShiftTimeSet()
{
    if(setIndex!=0)
    {
        if(setIndex>1)
            setIndex--;
        else
            setIndex=12;
        RefreshSetShow();
    }
}

/*进入时间设置状态*/
void EnterTimeSet()
{
    setIndex=2;              //把设置索引设置为2,即可进入设置状态
    LeftShiftTimeSet();      //再利用现成的左移操作移到位置1并完成显示刷新
    LcdOpenCursor();         //打开光标闪烁效果
}

/*退出时间设置状态,save为是否保存当前设置的时间值*/
void ExitTimeSet(bit save)
{
    setIndex=0;              //把设置索引设置为0,即可退出设置状态
    if(save)                 //需保存时即把当前设置时间写入DS1302
    {
        SetRealTime(&bufTime);
    }
    LcdCloseCursor();//关闭光标显示
}
```

```c
/*按键动作函数,根据键码执行相应的操作,keycode 为按键键码 */
void KeyAction(unsigned char keycode)
{
  if ((keycode >='0') && (keycode <='9'))//本例中不响应字符键
  {
  }
  else if (keycode ==0x26)//向上键,递增当前设置位的值
  {
    IncSetTime();
  }
  else if (keycode ==0x28)//向下键,递减当前设置位的值
  {
    DecSetTime();
  }
  else if (keycode ==0x25)//向左键,向左切换设置位
  {
    LeftShiftTimeSet();
  }
  else if (keycode ==0x27)//向右键,向右切换设置位
  {
    RightShiftTimeSet();
  }
    else if (keycode ==0x0D)//回车键,进入设置模式/启用当前设置值
  {
    if (setIndex ==0)//不处于设置状态时,进入设置状态
    {
      EnterTimeSet();
    }
    else      //已处于设置状态时,保存时间并退出设置状态
    {
      ExitTimeSet(1);
    }
  }
  else if (keycode ==0x1B)//Esc 键,取消当前设置
  {
    ExitTimeSet(0);
  }
}
/*配置并启动 T0,ms 为 T0 定时时间 */
```

```c
void ConfigTimer0(unsigned int ms)
{
    unsigned long tmp;           //临时变量
    tmp = 11059200/12;           //定时器计数频率
    tmp = (tmp * ms)/1000;       //计算所需的计数值
    tmp = 65536 - tmp;           //计算定时器重载值
    tmp = tmp + 28;              //补偿中断响应延时造成的误差
    T0RH = (unsigned char)(tmp >> 8);  //定时器重载值拆分为高低字节
    T0RL = (unsigned char)tmp;
    TMOD &= 0xF0;                //清零T0的控制位
    TMOD |= 0x01;                //配置T0为模式1
    TH0 = T0RH;                  //加载T0重载值
    TL0 = T0RL;
    ET0 = 1;                     //使能T0中断
    TR0 = 1;                     //启动T0
}
/* T0中断服务函数,执行按键扫描和200 ms定时 */
void InterruptTimer0() interrupt 1
{
    static unsigned char tmr200ms = 0;

    TH0 = T0RH;      //重新加载重载值
    TL0 = T0RL;
    KeyScan();       //按键扫描
    tmr200ms ++;
    if (tmr200ms >= 200)   //定时200 ms
    {
        tmr200ms = 0;
        flag200ms = 1;
    }
}
```

main.c 主文件，负责所有应用层的功能实现，文件比较长，就是那句话"不难但比较烦琐"，希望对具体问题分析细化能力还不太强的同学们把这个文件多练习几遍，学习一下其中把具体问题逐步细化并一步步实现出来的编程思想，多进行此类练习，锻炼程序思维能力，将来遇到具体项目设计需求的时候，就能很快找到方法并实现它们了。

## 本 章 小 结

本章主要针对 SPI 协议的应用进行了分析和讲解。SPI 是一种全双工、高速、同步的通信总线，它有两种操作模式：主模式和从模式。在主模式中，它支持高达 3Mbps 的速率（系统时钟频率为 12 MHz 时，如果主频采用 20～36 MHz，则其速率可更高，而从模式时速度无法太快），同时还有传输完成标志和写标志保护。

DS1302 是 DALLAS（达拉斯）公司推出的一款具有涓流充电功能的时钟芯片，它的精度相对较高。DS1302 实时时钟芯片的用途非常广泛，广泛应用于电话、传真、便携式仪器等产品领域，它可以提供秒、分、小时、日期、月、年等信息。本章通过举例讲解了如何使用单片机对其进行时间数据的读写控制，带领大家认识 DS1302 的同时，也进一步学习了 SPI 通信协议的使用方法。

● 练习题

1. 理解 BCD 码的原理。
2. 理解 SPI 的通信原理、SPI 通信过程的四种模式配置。
3. 能够结合教程阅读 DS1302 的英文数据手册，学会 DS1302 的读写操作。
4. 理解复合数据类型的结构和用法。
5. 能够独立完成带按键功能的万年历程序。

# 第十三章 单片机 C 程序编写规范

## 学习目标

1. 了解单片机 C 语言程序编写规范要求
2. 理解单片机 C 语言程序编写规范的意义
3. 掌握规范的单片机 C 语言编写程序

一篇优秀的程序不仅体现在功能上，还体现在程序代码运行的高效率、可读性和可维护性等方面。在编写小型的单片机程序时，代码质量的重要性可能不是很明显。但如果要编写较大规模的程序，特别是多人合作编写程序时，可读性和可维护性就变得十分重要了。本章节将为大家介绍基本的编程规范。

## 第一节　程序文件结构

每个单片机 C 程序通常分为两种文件。一种是用于程序的声明，称为头文件。另一种用于程序的实现，称为定义文件。程序的头文件以".h"为后缀，定义文件以".c"为后缀。

### （一）头文件的结构

头文件由三部分内容组成：
（1）头文件开头处的版权和版本声明。
（2）预处理块。
（3）函数声明等。

假设头文件名称为 reg52.h，为了防止头文件被重复引用，应当用 ifndef/define/endif 结构产生预处理块。头文件的结构如果用#include ＜reg52.h＞格式来引用标准库的头文件，编译器将从标准库目录开始搜索。如果用#include "reg52.h"格式来引用非标准库的头文件，编译器将从用户的工作目录开始搜索。头文件中只存放"声明"而不存放"定义"。

在进行程序变量定义时，不提倡使用全局变量，尽量少在头文件中出现像"extern int value"这类声明。但是，全局变量是中断处理函数与外界程序进行数据交换的唯一途径，因此，几乎每一个单片机程序都会定义全局变量。在单片机 C 程序中，全局变量使用的频率要比普通的 C 程序高，但仍应遵守能不用全局变量的地方就不用全局变量的原则。

尽可能在定义变量的同时初始化该变量（就近原则）。如果变量的引用处和其定义处相隔比较远，变量的初始化很容易被忘记。如果引用了未被初始化的变量，可能会导致程序错误。本建议可以减少隐患，例如

```
int width =10;      //定义并初始化 width
int height =10;     //定义并初始化 height
int depth =10;      //定义并初始化 depth
```

C 头文件的结构示例：

```
#ifndef reg52.h//防止 reg52.h 被重复引用
#define reg52.h
#include <math.h> //引用标准库的头文件
#include "myheader.h"//引用非标准库的头文件
void Function1(…);//全局函数声明
#endif
```

（二）定义文件的结构

定义文件由三部分内容组成：
(1) 定义文件开头处的版权和版本声明。
(2) 对一些头文件的引用。
(3) 程序的实现体（包括数据和代码）。
假设定义文件的名称为 reg52．h，定义文件的结构示例如下。
C 定义文件的结构示例：

```
#include "reg52.h"    //引用头文件
…
void Function1(…)     //全局函数的实现体
{
…
}
```

（三）目录结构

如果一个程序的头文件数目比较多，如超过 10 个，通常应将头文件和定义文件分别保存于不同的目录，以便于维护。例如可以将头文件保存于 include 目录，将定义文件保存于 source 目录，可以是多级目录。

## 第二节　程序的版式规范

版式虽然不会影响程序的功能，但会影响可读性。程序的版式追求清晰、美观，是程序风格的重要构成因素。

程序的版式好比"书法"。好的程序"书法"可让人对程序一目了然，看得兴致勃勃；差的程序"书法"如螃蟹爬行，让人看得索然无味，更令维护者烦恼有加。从表 13.1 中列举出的两种程序版式可以看出好的程序和不好的程序版式之间的感官差别。

| 表 13.1（a）　风格良好的代码行 | 表 13.1（b）　风格不良的代码行 |
|---|---|
| x = a + b;<br>y = c + d;<br>z = e + f; | X = a + b;y = c + d;z = e + f; |
| if (width < height)<br>{<br>  dosomething();<br>} | if (width < height) dosomething(); |
| for (initialization; condition; up-date)<br>{<br>  dosomething();<br>}<br>//空行<br>other(); | for (initialization; condition; update)<br>dosomething();<br>  other(); |

### （一）空行

空行起着分隔程序段落的作用。空行得体（不过多也不过少）将使程序的布局更加清晰。空行不会浪费内存，虽然打印含有空行的程序是会多消耗一些纸张，但是值得。所以不要舍不得用空行。一般程序中空行的使用，有如下功能：

（1）在每个函数定义结束之后都要加空行。参见示例表 13.2（a）。

（2）在一个函数体内，逻辑上密切相关的语句之间不加空行，其他地方应加空行分隔。参见示例 13.2（b）。

表 13.2（a） 函数之间的空行

```
//空行
void Function1(…)
{
   …
}
//空行
void Function2(…)
{
   …
}
//空行
void Function3(…)
{
   …
}
```

表 13.2（b） 函数内部的空行

```
//空行
while (condition)
{
statement1;
//空行
if (condition)
{
statement2;
}
else
{
statement3;
}
//空行
statement4;
}
```

**（二）代码行**

代码行书写规则：

（1）一行代码只做一件事情，如只定义一个或一组相关的变量，或只写一条语句。这样的代码容易阅读，并且方便写注释。

（2）if、for、while、do 等语句自占一行，执行语句不得紧跟其后。不论执行语句有多少都要加"{}"。这样可以防止书写失误。

**（三）代码行内的空格**

代码行内的空格现象如表 13.3 所示。

表 13.3　代码行内空格现象汇总表

```
void Func1(int x,int y,int z);//良好的风格
void Func1 (int x,int y,int z);//不良的风格

if (year > =2000)//良好的风格
if(year > =2000)//不良的风格
if ((a > =b) && (c <=d))//良好的风格
if(a > =b&&c <=d)//不良的风格

for (i =0;i <10;i ++)//良好的风格
for(i =0;i <10;i ++)//不良的风格
for (i = 0;i < 10;i ++)//过多的空格
```

续表

| |
|---|
| x = a < b ? a:b; //良好的风格<br>x = a <b? a:b; //不好的风格 |
| array[5] = 0; //不要写成 array [5] = 0;<br>a.member; //不要写成 a .member;<br>b -> member; //不要写成 b -> member; |

关键字之后要留空格。像 const、virtual、inline、case 等关键字之后至少要留一个空格，否则无法辨析关键字。像 if、for、while 等关键字之后应留一个空格再跟左括号"("，以突出关键字。函数名之后不要留空格，紧跟左括号"("，以与关键字区别。"("向后紧跟，")"","";"向前紧跟，紧跟处不留空格。","之后要留空格，如 Function (x, y, z)。如果";"不是一行的结束符号，其后要留空格，如：

```
for (initialization; condition; update)
```

赋值操作符、比较操作符、算术操作符、逻辑操作符、位域操作符，如"="" + =""> =""< =""+""*""%""&&""||""<<""^"等二元操作符的前后应当加空格。一元操作符如"!""~""++""--""&"（地址运算符）等前后不加空格。像"[]""."" ->"这类操作符前后不加空格。对于表达式比较长的 for 语句和 if 语句，为了紧凑起见可以适当地去掉一些空格，如：

```
for (i = 0; i < 10; i ++)    和   if ((a <= b) && (c <= d))
```

### （四）对齐

程序的分界符"{"和"}"应独占一行并且位于同一列，同时与引用它们的语句左对齐。"{}"之内的代码块在"{"右边数格处左对齐。表格 13.4（a）和表 13.4（b）列举出了好的对齐方式程序和不好的程序方式。

表 13.4（a） 风格良好的对齐　　　　　　表 13.4（b） 风格不良的对齐

| 风格良好的对齐 | 风格不良的对齐 |
|---|---|
| void Function(int x)<br>{<br>…//program code<br>} | void Function(int x){<br>…//program code<br>} |
| if (condition)<br>{<br>…//program code<br>}<br>else<br>{<br>…//program code<br>} | if (condition){<br>…//program code<br>}<br>else{<br>…//program code<br>} |

| | |
|---|---|
| for (initialization;condition;update)<br>{<br>…//program code<br>} | for ( initialization; condition; update){<br>…//program code<br>} |
| While (condition)<br>{<br>…//program code<br>} | while (condition){<br>…//program code<br>} |
| 如果出现嵌套的"{}",则使用缩进对齐,如:<br>{<br>…<br>　{<br>　…<br>　}<br>…<br>} | |

### (五)长行拆分

代码行最大长度宜控制在 70~80 个字符以内。代码行不要过长,否则眼睛看不过来,也不便于打印。长表达式要在低优先级操作符处拆分成新行,操作符放在新行之首(以便突出操作符)。拆分出的新行要进行适当的缩进,使排版整齐,语句可读。如:

```
if ((very_longer_variable1 >=very_longer_variable12)
    && (very_longer_variable3 <=very_longer_variable14)
    && (very_longer_variable5 <=very_longer_variable16))
    {
        dosomething();
    }
```

### (六)修饰符的位置

修饰符"*"应该靠近数据类型还是该靠近变量名,是个有争议的话题。若将修饰符"*"靠近数据类型,例如:"int * x;"从语义上讲此写法比较直观,即 $x$ 是 int 类型的指针。上述写法的弊端是容易引起误解,例如:"int * x, y;"此处 $y$ 容易被误解为指针变量。虽然将 $x$ 和 $y$ 分行定义可以避免误解,但并不是人人都愿意这样做。

应当将修饰符"*"紧靠变量名。例如:

```
char *name;
int *x,y;//此处 y 不会被误解为指针
```

### （七）注释

程序块的注释常采用"/*…*/"，行注释一般采用"//…"。注释通常用于：
（1）版本、版权声明；
（2）函数接口说明；
（3）重要的代码行或段落提示。

虽然注释有助于理解代码，但注意不可过多地使用注释。注释是对代码的"提示"，而不是文档。程序中的注释不可喧宾夺主，注释太多了会让人眼花缭乱。注释的花样要少。

如果代码本来就是清楚的，则不必加注释。否则多此一举，令人厌烦。例如：

```
i ++;//i 加 1
```

多余的注释。

边写代码边注释，修改代码同时修改相应的注释，以保证注释与代码的一致性。不再有用的注释要删除。注释应当准确、易懂，防止注释有二义性。错误的注释不但无益反而有害。尽量避免在注释中使用缩写，特别是不常用缩写。注释的位置应与被描述的代码相邻，可以放在代码的上方或右方，不可放在下方。当代码比较长，特别是有多重嵌套时，应当在一些段落的结束处加注释，便于阅读。

## 第三节　单片机程序命名规则与变量选择

### 一、简单单片机程序命名规则

比较著名的命名规则当推 Microsoft 公司的"匈牙利"法，该命名规则的主要思想是"在变量和函数名中加入前缀以增进人们对程序的理解"。例如所有的字符变量均以 ch 为前缀，若是指针变量则追加前缀 p。如果一个变量由 ppch 开头，则表明它是指向字符指针的指针。"匈牙利"法最大的缺点是烦琐，例如：

```
int i,j,k;
float x,y,z;
```

倘若采用"匈牙利"命名规则，则应当写成

```
int ii,ij,ik;     //前缀 i 表示 int 类型
float fx,fy,fz;   //前缀 f 表示 float 类型
```

如此烦琐的程序会让绝大多数程序员无法忍受。

据考察，没有一种命名规则可以让所有的程序员赞同，程序设计教科书一般都不指定命名规则。命名规则对软件产品而言并不是"成败攸关"的事，我们不要花太多精力试图发明世界上最好的命名规则，而应当制定一种令大多数项目成员满意的命名规则，并在项目中

贯彻实施。

单片机 C 程序用到的变量和常量类型较少，因此命名规则并不需要十分复杂。

标识符应当直观且可以拼读，可望文知意，不必进行"解码"。标识符最好采用英文单词或其组合，便于记忆和阅读。切忌使用汉语拼音来命名。程序中的英文单词一般不会太复杂，用词应当准确，例如不要把 CurrentValue 写成 NowValue。标识符的长度应当符合"min – length && max – information"原则。单字符的名字也是有用的，常见的如 i、j、k、m、n、x、y、z 等，它们通常可用作函数内的局部变量。程序中不要出现仅靠大小写区分的相似的标识符。例如：

```
int x,X;//变量 x 与 X 容易混淆
void foo(int x);//函数 foo 与 FOO 容易混淆
void FOO(float x);
```

程序中不要出现标识符完全相同的局部变量和全局变量，尽管两者的作用域不同而不会发生语法错误，但会使人误解。变量的名字应当使用"名词"或者"形容词 + 名词"。例如：

```
float value;
float oldValue;
float newValue;
```

用正确的反义词组命名具有互斥意义的变量或相反动作的函数等。例如：

```
int minValue;
int maxValue;
int SetValue(…);
int GetValue(…);
```

尽量避免名字中出现数字编号，如 Value1、Value2 等，除非逻辑上的确需要编号。这是为了防止程序员偷懒，不肯为命名动脑筋而导致产生无意义的名字（因为用数字编号最省事）。

函数名用大写字母开头的单词组合而成，变量用小写字母开头的单词组合而成。例如：

```
void Draw(void);//函数名
void SetValue(int currentValue);//函数名与变量名
```

常量全用大写的字母，用下划线分割单词。例如：

```
const int MAX =100;
const int MAX_LENGTH =100;
```

静态变量加前缀 s_(表示 static)。例如：

```
void Init(…)
{
static int s_initValue;//静态变量
…
}
```

全局变量加前缀 g_(表示 global)。例如：

int g_HowManyPeople;//全局变量

bit 型变量加前缀 b，整型变量加前缀 i，浮点型变量加前缀 f，有符号数加前缀 sn_，unsigned char 型变量不加前缀。

由于 8 位的单片机程序所用到的数据类型大多数为 unsigned char，上述数据类型除 bit 型外在单片机程序中甚少出现（如果你的单片机程序中有较多的其他类型的变量，则应该优化一下代码）。因此上述命名规则并不会增加程序编写时的麻烦。例如：

```
unsigned char Count;
bit blocked;
unsigned int iCount;
float fPoint;
int sn_iCount;
```

## 二、单片机程序变量与常量的类型选择

一个单片机的内存资源是十分有限的。变量存在于内存中，同时，变量的使用效率还要受到单片机体系结构的影响。因此，单片机的变量选择受到了很大的限制。

采用短变量：一个提高代码效率的最基本的方式就是减小变量的长度。使用 C 编程时我们都习惯于对循环控制变量使用 int 类型，这对 8 位的单片机来说是一种极大的浪费。我们应该仔细考虑所声明的变量值可能的范围，然后选择合适的变量类型。很明显，经常使用的变量应该是 unsigned char，它只占用一个字节。

使用无符号类型的变量：为什么要使用无符号类型呢？原因是 MCS-51 不支持符号运算。程序中也不要使用含有带符号变量的外部代码。除了根据变量长度来选择变量类型外，我们还要考虑变量是否会用于负数的场合。如果程序中可以不需要负数，那么可以把变量都定义成无符号类型的。

避免使用浮点数：在 8 位操作系统上使用 32 位浮点数是得不偿失的。我们可以这样做，但会浪费大量的时间。所以当要在系统中使用浮点数的时候，尽量考虑一下这是否一定需要。

使用位变量：对于某些标志位，应使用位变量而不是 unsigned char，这将节省内存，不用多浪费 7 位存储区。而且位变量在 RAM 中访问，它们只需要一个处理周期。

常量的使用在程序中起到举足轻重的作用。常量的合理使用可以提高程序的可读性、可维护性。

尽量用宏定义常量。不便用宏定义的常量应分析程序需要后再决定是定义在单片机的内存中还是程序存储器中。通常定义在程序存储器中是比较好的选择。

通过宏定义的常量并不占用单片机的任何存储空间，而只是告诉编译器在编译时把标识符替换一下，这在资源受限的单片机程序中显得非常有用。用 code 关键字定义的常量放在单片机的程序存储器中；用 const 关键字定义的常量放在单片机的 RAM 中，要占用单片机的变量存储空间。而单片机的程序存储器毕竟要比 RAM 大得多，所以当要定义比较大的常量数组时，用 code 关键字定义常量要比用 const 关键字定义合理一些。需要对外公开的常量放

在头文件中，不需要对外公开的常量放在定义文件的头部。为便于管理，可以把不同模块的常量集中存放在一个公共的头文件中。

如果某一常量与其他常量密切相关，应在定义中包含这种关系，而不应给出一些孤立的值。例如：

```
#define RADIUS 100
#define DIAMETER RADIUS * 2
```

## 第四节　表达式和基本语句

### 一、运算符的优先级

如果代码行中的运算符比较多，可用括号来确定表达式的操作顺序，避免使用默认的优先级。由于熟记 C 语言运算的优先级是比较困难的，为了防止产生歧义并提高可读性，应当用括号来确定表达式的操作顺序。例如：

```
word = (high << 8) | low if ((a | b) && (a & c))
```

### 二、复合表达式

如 $a = b = c = 0$ 这样的表达式称为复合表达式。允许复合表达式存在的理由是：
（1）书写简洁。
（2）可以提高编译效率。
但要防止滥用复合表达式。
（1）不要编写太复杂的复合表达式。
例如：

```
i = a >= b&&c < d&&c + f <= g + h;//复合表达式过于复杂
```

（2）不要有多用途的复合表达式。
例如：

```
d = (a = b + c) + r;
```

该表达式既求 a 值又求 d 值。应该拆分为两个独立的语句：

```
a = b + c;d = a + r;
```

（3）不要把程序中的复合表达式与"真正的数学表达式"混淆。
例如：

```
if(a < b < c)
```

$a < b < c$ 是数学表达式而不是程序表达式，并不表示"if((a < b)&&(b < c))"，而是成了令人费解的"if((a < b) < c)"。

## 三、if 语句

if 语句是 C++/C 语言中最简单、最常用的语句，然而很多程序员用隐含错误的方式写 if 语句。本节以"与零值比较"为例，展开讨论。

1. 位变量与零值比较

位变量应与语义明确的宏定义常量比较，尽量不直接与 1、0 进行比较。在程序中，1 和 0 所表示的含义是不明确的，直接与 1、0 进行比较很容易发生错误。例如：

```
#define TRUE 1
#define FALSE 0
if(bArrived == TRUE)    //含义明确,如果写成 if(bArrived ==1)或 if(bArrived)就不明确了
{
   ...
}
```

2. 整型、字符型变量与零值比较

可将整型变量用"=="或"!="直接与 0 比较，也可写成更简便的形式。假设整型变量的名字为 value，它与零值比较的标准 if 语句如下：

```
if (value == 0)
if (value != 0)
```

也可写成

```
if (value)
if (! value)
```

3. 浮点变量与零值比较

不可将浮点变量用"=="或"!="与任何数字比较。

千万要留意，无论是 float 还是 double 类型的变量，都有精度限制。所以一定要避免将浮点变量用"=="或"!="与数字比较，应该设法转化成">="或"<="形式。假设浮点变量的名字为 $x$，应当将

```
if (x == 0.0)
```

隐含错误的比较转化为

```
if ((x >= -EPSINON) && (x <= EPSINON))
```

其中 EPSINON 是允许的误差（即精度）。当然，正如前面所说，能够不用浮点型变量就不用浮点型变量。

4. 指针变量与零值比较

应当将指针变量用"=="或"!="与 NULL 比较。指针变量的零值是"空"（记为 NULL）。尽管 NULL 的值与 0 相同，但是两者意义不同。假设指针变量的名字为 p，它与零值比较的标准 if 语句如下：

```
if (p == NULL)    //p 与 NULL 显式比较,强调 p 是指针变量
if (p != NULL)
```

不要写成：

```
if (p == 0)    //容易让人误解 p 是整型变量
if (p != 0)
```

或者：

```
if (p)
if (!p)
```

**5. 对 if 语句的补充说明**

程序中有时会遇到 if/else/return 的组合,应该将如下不良风格的程序

```
if (condition)
    return x;return y;
```

改写为：

```
if (condition)
{

}
else
{

}
return x;
return y;
```

或者改写成更加简练的：

```
return (condition ? x:y);
```

## 四、循环语句的效率

C 循环语句中，for 语句使用频率最高，while 语句其次，do 语句很少用。本节重点论述循环体的效率。提高循环体效率的基本办法是降低循环体的复杂性。

在多重循环中，如果有可能，应当将最长的循环放在最内层，最短的循环放在最外层，以减少 CPU 跨切循环层的次数。例如示例表 13.5（b）的效率比示例表 13.5（a）的高。

如果循环体内存在逻辑判断，并且循环次数很大，宜将逻辑判断移到循环体的外面。示例表 13.6（a）的程序比示例表 13.6（b）多执行了 $N-1$ 次逻辑判断。并且由于前者老要进行逻辑判断，打断了循环"流水线"作业，使得编译器不能对循环进行优化处理，降低了效率。如果 $N$ 非常大，最好采用示例表 13.6（b）的写法，可以提高效率。如果 $N$ 非常

小，两者效率差别并不明显，采用示例表 13.6（a）的写法比较好，因为程序更加简洁。

表 13.5（a）　低效率：长循环在最外层

```
for ( row = 0 ; row < 100 ; row ++ )
{
  for ( col = 0 ; col < 5 ; col ++ )
  {
    sum = sum + a [ row ] [ col ];
  }
}
```

表 13.5（b）　高效率：长循环在最内层

```
for ( col = 0 ; col < 5 ; col ++ )
{
  for ( row = 0 ; row < 100 ; row ++ )
  {
    sum = sum + a [ row ] [ col ];
  }
}
```

表 13.6（a）　效率低但程序简洁

```
for ( i = 0 ; i < N ; i ++ )
{
  if ( condition ) DoSomething ( );
  else
  DoOtherthing ( );
}
```

表 13.6（b）　效率高但程序不简洁

```
if ( condition )
{
  for ( i = 0 ; i < N ; i ++ ) DoSomething ( );
}
else
{
  for ( i = 0 ; i < N ; i ++ ) DoOtherthing ( );
}
```

### 五、for 语句的循环控制变量

不可在 for 循环体内修改循环变量，防止 for 循环失去控制。建议 for 语句的循环控制变量的取值采用"半开半闭区间"写法。示例表 13.7（a）中的 $x$ 值属于半开半闭区间"$0 \leq x < N$"，起点到终点的间隔为 $N$，循环次数为 $N$。示例表 13.7（b）中的 $x$ 值属于闭区间"$0 \leq x \leq N-1$"，起点到终点的间隔为 $N-1$，循环次数为 $N$。相比之下，示例表 13.7（a）的写法更加直观，尽管两者的功能是相同的。

表 13.7（a）　循环变量属于半开半闭区间

```
for ( x = 0 ; x < N ; x ++ )
{
  …
}
```

表 13.7（b）　循环变量属于闭区间

```
for ( x = 0 ; x <= N - 1 ; x ++ )
{
  …
}
```

### 六、switch 语句

switch 是多分支选择语句，而 if 语句只有两个分支可供选择。虽然可以用嵌套的 if 语句来实现多分支选择，但那样的程序冗长难读，这是 switch 语句存在的理由。

分支很多的选择语句用 switch 语句；分支不是很多的可以考虑用 if 语句代替。在单片机程序中，由于编译器对 switch 语句的编译效率可能不是很好，所以对于分支不是很多的多分支语句，也可以考虑用 if 语句代替。

switch 语句的基本格式是：

```
switch (variable)
{
  case value1:…break;
  case value2:…break;
  …
  default:…
  break;
}
```

每个 case 语句的结尾不要忘了加 break，否则将导致多个分支重叠（除非有意使多个分支重叠）。不要忘记最后那个 default 分支。即使程序真的不需要 default 处理，也应该保留语句"default：break；"，这样做并非多此一举，而是为了防止别人误以为你忘了 default 处理。

## 七、goto 语句

自从提倡结构化设计以来，goto 就成了有争议的语句。首先，由于 goto 语句可以灵活跳转，如果不加限制，它的确会破坏结构化设计风格。其次，goto 语句经常带来错误或隐患。很多人建议废除 C 语言的 goto 语句，以绝后患。但实事求是地说，错误是程序员自己造成的，不是 goto 的过错。goto 语句至少有一处可显神通，它能从多重循环体中"咻"的一下子跳到外面，用不着写很多次的 break 语句。例如：

```
{ …
  { …
    { …
      goto error;
    }
  }
}
error:
…
```

就像楼房着火了，来不及从楼梯一级一级往下走，可从窗口跳出火坑。所以我们主张少用、慎用 goto 语句，而不是禁用。

## 第五节 函数设计规范

函数是 C 程序的基本功能单元，其重要性不言而喻。函数设计的细微缺点很容易导致该函数被错用，所以光使函数的功能正确是不够的。本节重点论述函数的接口设计和内部实现的一些规则。

函数接口的两个要素是参数和返回值。C 语言中，函数的参数和返回值的传递方式有两种：值传递（pass by value）和指针传递（pass by pointer）。

## 一、参数的规则

参数的书写要完整，不要贪图省事只写参数的类型而省略参数名字。如果函数没有参数，则用 void 填充。例如：

```
void SetValue(int width,int height);//良好的风格
void SetValue(int,int);//不良的风格
float GetValue(void);//良好的风格
float GetValue();//不良的风格
```

参数命名要恰当，顺序要合理。

例如编写字符串拷贝函数 StringCopy，它有两个参数。如果把参数名字起为 str1 和 str2，例如：

```
void StringCopy(char *str1,char *str2);
```

那么我们很难搞清楚究竟是把 str1 拷贝到 str2 中，还是刚好倒过来。可以把参数名字起得更有意义，如叫 strSource 和 strDestination。这样从名字上就可以看出应该把 strSource 拷贝到 strDestination。

还有一个问题，这两个参数哪一个该在前哪一个该在后？参数的顺序要遵循程序员的习惯。一般地，应将目的参数放在前面，源参数放在后面。

如果将函数声明为：

```
void StringCopy(char *strSource,char *strDestination);
```

别人在使用时可能会不假思索地写成如下形式：

```
char str[20];
StringCopy(str,"Hello World");//参数顺序颠倒
```

如果参数是指针，且仅作输入用，则应在类型前加 const，以防止该指针在函数体内被意外修改。例如：

```
void StringCopy(char *strDestination,const char *strSource);
```

要避免函数有太多的参数，参数个数尽量控制在 5 个以内。如果参数太多，在使用时容易将参数类型或顺序搞错。

## 二、返回值的规则

不要省略返回值的类型。如果函数没有返回值，那么应声明为 void 类型。函数名字与返回值类型在语义上不可冲突。违反这条规则的典型代表是 C 标准库函数 getchar。例如：

```
char c;
c = getchar();if (c == EOF)
```

按照 getchar 名字的意思,将变量 c 声明为 char 类型是很自然的事情。但不幸的是 getchar 的确不是 char 类型,而是 int 类型,其原型如下:

```
int getchar(void);
```

由于 c 是 char 类型,取值范围是 [-128,127],如果宏 EOF 的值在 char 的取值范围之外,那么 if 语句将总是失败,这种"危险"人们一般哪里料得到!导致本例错误的责任并不在用户,是函数 getchar 误导了使用者。

不要将正常值和错误标志混在一起返回。正常值用输出参数获得,而错误标志用 return 语句返回。回顾上例,C 标准库函数的设计者为什么要将 getchar 声明为令人迷糊的 int 类型呢?他会那么傻吗?在正常情况下,getchar 的确返回单个字符。但如果 getchar 碰到文件结束标志或发生读错误,它必须返回一个标志 EOF。为了区别于正常的字符,只好将 EOF 定义为负数(通常为 -1)。因此函数 getchar 就成了 int 类型。

我们在实际工作中,经常会碰到上述令人为难的问题。为了避免出现误解,我们应该将正常值和错误标志分开。即正常值用输出参数获得,而错误标志用 return 语句返回。

函数 getchar 可以改写成:

```
BOOL GetChar(char *c);
```

虽然 gechar 比 GetChar 灵活,例如"putchar(getchar());",但是如果 getchar 用错了,它的灵活性又有什么用呢(注意上面所举的例子是 Windows C 的程序而不是单片机 C 程序,这里仅以这个例子说明道理。单片机 C 程序中是没有 BOOL 类型的)。

## 三、函数内部实现的规则

不同功能的函数其内部实现各不相同,看起来似乎无法就"内部实现"达成一致的观点。但根据经验,我们可以在函数体的"入口处"和"出口处"从严把关,从而提高函数的质量。

在函数体的"入口处",对参数的有效性进行检查。在函数体的"出口处",对 return 语句的正确性和效率进行检查。

## 四、其他建议

函数的功能要单一,不要设计多用途的函数。函数体的规模要小,尽量控制在 50 行代码之内。合理使用"记忆"功能。一般来说,相同的输入应当产生相同的输出。带有"记忆"功能的函数,其行为可能是不可预测的,因为它的行为可能取决于某种"记忆状态"。这样的函数既不易理解又不利于测试和维护。在 C 语言中,函数的 static 局部变量是函数的"记忆"存储器。建议尽量少用 static 局部变量,除非必需。

在单片机的中断处理函数中,函数运行得出的与外界函数有关的参数通过全局变量来交换；而函数本身需要保留的数据则可以用static型变量放起来，而不用全局变量，避免也被外界程序改变这个数据的危险。在前面的程序例子中，就有过必须使用static型变量的例子。不仅要检查输入参数的有效性，还要检查通过其他途径进入函数体内的变量的有效性，例如全局变量等。用于出错处理的返回值一定要清楚，让使用者不容易忽视或误解错误情况。

<h2 style="text-align:center">本 章 小 结</h2>

本章具体从编写代码时的规范等各个方面具体讲解了如何编写一个看起来较为"专业"的程序的方法，同时从日常的编程技巧中，提取出同学们容易出错的使用习惯加以重点讲解。帮助读者快速了解一些编程经验和技巧。

● 练习题

1. 请大家按照规范编写前几章程序，并和以前自己写的程序进行对比。
2. 多读网络上的优秀程序，从中学习别人的编程技巧和编程经验，做到融会贯通。

# 第十四章 芯片介绍

### 学习目标

1. 了解单片机电路设计中常见的芯片
2. 理解单片机电路设计中常用芯片的工作原理
3. 掌握单片机电路设计中常见芯片的使用方式

## 第一节 74HC595 芯片

74HC595 是在单片机系统中常用的芯片之一,它的作用就是把串行的信号转为并行的信号。常用在各种数码管以及点阵屏的驱动芯片,若使用 74HC595 可以节约单片机的 I/O 口资源,用 3 个 I/O 就可以控制 8 个数码管的引脚,还具有一定的驱动能力,可以免掉三极管等放大电路,应用非常广泛。下面将对 74HC595 芯片进行详细的学习。

### 一、74HC595 芯片引脚功能介绍

74HC595 芯片实物外形如图 14.1 所示。该芯片共有 16 个引脚,引脚名称描述如图 14.2 所示,引脚功能介绍如表 14.1 所示。

图 14.1　74HC595 芯片实物图

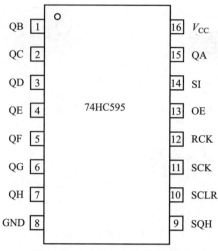

图 14.2　74HC595 芯片引脚图

表 14.1　74HC595 芯片引脚功能介绍

| 引脚编号 | 引脚名 | 引脚定义功能 |
| --- | --- | --- |
| 1、2、3、4、5、6、7、15 | QA ~ QH | 三态输出引脚 |
| 8 | GND | 电源地 |
| 9 | SQH | 串行数据输出引脚 |
| 10 | SCLR | 移位寄存器清零端 |
| 11 | SCK | 数据输入时钟线 |
| 12 | RCK | 输出存储器锁存时钟线 |
| 13 | OE | 输出使能 |
| 14 | SI | 串行数据输入端 |
| 16 | $V_{CC}$ | 电源端 |

　　1~7 号引脚和 15 号引脚，引脚名称 QA~QH，一共 8 个引脚，其作用是八位并行数据的输出端。

　　8 号引脚 GND，接地引脚。

　　9 号引脚 SQH，串行数据的输出引脚。常将它接下一个 74HC595 的 SI 端。

　　10 号引脚 SCLR，移位寄存器清零端口，低电平时将移位寄存器的数据清零。通常设计电路时将它接 $V_{CC}$。

　　11 号引脚 SCK，数据输入的时钟线，上升沿时数据寄存器的数据移位，下降沿时移位寄存器数据不变，控制 14 号引脚（串行数据输入端），依次一位一位往 74HC595 内部传送数据，数据在 74HC595 内部的移位方向：QA→QB→QC→⋯→QH，因此，在传送一个字节的数据时，应先发送该字节数据的高位数据。在供电 5 V 时，脉冲宽度应大于几十纳秒。

12 号引脚 RCK，输出存储器锁存时钟线。上升沿时输出存储器发送数据，下降沿时输出存储器数据不变。此引脚主要用于控制八位并行数据的传输端向外发送数据。

13 号引脚 OE，输出使能端，高电平时禁止输出（高阻态）。通常设计电路时将它接 GND。如果单片机的引脚够用，可用一个引脚控制它，可以方便地产生闪烁和熄灭效果。比通过数据端移位控制要省时省力。

14 号引脚 SI，串行数据输入端。在 11 号引脚 SCK（数据输入时钟线）控制下，从最高位开始依次往 74HC595 内部传送数据。

15 号引脚 $V_{CC}$，电源端。

## 二、74HC595 芯片功能描述

74HC595 的主要优点是具有数据存储寄存器，在移位的过程中，输出端的数据可以保持不变。74HC595 具有 8 位移位寄存器和一个存储器。移位寄存器和存储器有分别的时钟。数据在 SCK 上升沿输入，在 SCK 的上升沿进入存储寄存器中去。如果两个时钟连在一起，则移位寄存器总是比存储寄存器早一个脉冲。移位寄存器有一个串行移位输入 SI、一个串行输出 SQH、一个异步的低电平复位，存储寄存器有一个并行 8 位的，具备三态的总线输出，当使能 OE 时（为低电平），存储寄存器的数据输出到总线。

图中的 QA ~ QH 是移位寄存器（ShiftRegister），数据从它们的 SI 引脚输入，从 SQH 引脚输出，每次移位脉冲引脚（ShiftClock）提供一个脉冲，SI 引脚的数据就会输出并保持到 QA ~ QH 中的引脚上，因为这里的移位脉冲引脚（ShiftClock）是连到每一个 Q 并行输出引脚上的，所以自然每次给一个移位脉冲的时候，所有的数据都向后移动了一位。

这里需注意，SI 脚连接的是串行数据输入，也就是数据引脚。所以每次给脉冲移位之前，需要准备好该引脚的值，因为每次给一个脉冲，它的数据就会移入后方。很直观地看到，只要给几个脉冲，数据引脚就会有几次被移入移位寄存器，并且这些值会保持在各个 Q 并行输出引脚。所以假设要将一个字节移入移位寄存器，因为 1 个字节是 8 位，所以需要给出 8 个脉冲，那么 QA ~ QH 的 Q 脚就保持了这 8 位值。再看看这 8 位值，先在数据引脚输出的值就会走得越远，所以如果先输出数据高位，最高位在 8 个脉冲后就会跑到 Q 脚。这就像排队一样，一个寄存器里面有 8 个位置，每次给一个脉冲就好比一次呼叫："大家可以往前移一位了！"就这样，队伍不断往前移。也可以把 74HC595 看成照相机，锁存脉冲引脚就相当于是照相机的快门，只要给一个锁存脉冲，那么数据就被锁存在了对应的输出引脚。而当没有操作锁存引脚的时候，照相机只是摆在那里，不管队伍怎么前进，照相机的输出始终是不变的。只有某次按下了快门，所有的照相机的照片就都更新了一次。

## 三、74HC595 芯片使用步骤

第一步，目的：将要准备输入的位数据移入 74HC595 数据输入端上。方法：送位数据到 74HC595。

第二步，目的：将位数据逐位移入 74HC595，即数据串入。方法：SCK 产生一上升沿，将 SI 上的数据移入 74HC595 移位寄存器中，先送低位，后送高位。

第三步，目的：并行输出数据，即数据并出。方法：RCK 产生一上升沿，将由 QA ~ QH 上已移入数据寄存器中的数据送入输出锁存器。

## 四、数码管驱动案例介绍

### （一）基于 74HC595N 的数码管驱动原理图介绍

以 74HC595 芯片控制 8 个数码管硬件原理图为例进行介绍，具体线路情况如图 14.3 所示。

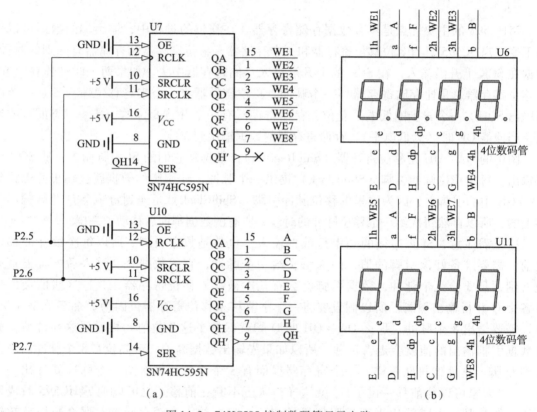

图 14.3　74HC595 控制数码管显示电路

在本次数码管显示电路设计中，用到两个 74HC595N，一个芯片的输出用于控制数码管的位选，另一个芯片的输出控制数码管的段选，两个数码管通过 QH′（即为串行数据输出引脚 SQH）和 QH（即为数据线引脚 SI），也就是前面介绍的 9 号引脚、14 号引脚，呈现串联的现象，两个芯片的 12 号引脚同时受单片机的 P2.5 引脚控制，两个芯片的 11 号引脚 SRCLK 同时受单片机的 P2.6 引脚控制，段选数据和位选数据都是通过单片机引脚 P2.7 发送，在控制时钟引脚 P2.6 的控制下，当 P2.6 引脚出现上升沿时，单片机通过 P2.7 引脚向 74HC595N 内部发送数据，应先发送位选数据，当八位位选数据在 P2.7 引脚产生的 8 个上升沿的作用下，从高位到低位依次存于 QH ~ QA 上，当单片机继续通过

P2.7 引脚向 74HC595N 内部发送段选数据时,原本存放在 QH~QA 存储器上的位选数据会通过 QH'引脚发送给上方 74HC595N 芯片的 SER 引脚,作为串行数据的输入,并在 P2.6 引脚上升沿的控制下,依次按位传递,直到位选数据和段选数据发送完毕,最后当单片机引脚 P2.5 出现上升沿时,将两个芯片中存放的 8 位并行输出数据发送出去,达到控制数码管段选和位选的目的。

(二) 基于 74HC595N 的数码管驱动程序实现

在 8 个数码管上同时显示数字 0 程序:

```c
#include <reg52.h>
sbit P_HC595_SER = P2^7;
sbit P_HC595_RCLK = P2^5;
sbit P_HC595_SRCLK = P2^6;
/***************给74HC595N发送数据子程序*********************/
void Send_595(unsigned char dat)
{
    unsigned char i;
    for(i=0; i<8; i++)
    {
        if(dat & 0x80)          //判断最高位数据
            P_HC595_SER = 1;    //如果最高位是"1",就把1通过14引脚(SER)发
                                //  送给74HC595N
        else
            P_HC595_SER = 0;    //否则就把"0"通过14引脚(SER)发送
                                //  给74HC595N
        P_HC595_SRCLK = 0;
        P_HC595_SRCLK = 1;      //74HC595N 的 11 引脚出现上升沿
        dat = dat<<1;           //右移1位
    }
}
/*****************************************************/
/***************数码管显示子程序***********************/
void DisplayScan()
{
    Send_595(0x00);             //发送位选数据,选中8个数码管同时显示
    Send_595(0x3f);             //发送段选数据,在8个数码管上同时显示数字0
    P_HC595_RCLK = 0;
    P_HC595_RCLK = 1;           //74HC595 的 12 引脚出现上升沿
}
/*****************************************************
**/
```

## 第二节　74LS138 芯片

### 一、74LS138 芯片引脚功能介绍

74LS138 芯片引脚图如图 14.4 所示。

图 14.4　74LS138 芯片引脚图

$A_0 \sim A_2$：地址输入端。$A_0 \sim A_2$ 对应 $Y_0 \sim Y_7$；$A_0$、$A_1$、$A_2$ 以二进制形式输入，然后转换成十进制，对应相应 Y 的序号输出低电平，其他均为高电平。

$S_1$（$E_1$）：选通端。

$\overline{S}_2$（$E_2$）、$\overline{S}_3$（$E_3$）：选通端（低电平有效）。

$\overline{Y}_0 \sim \overline{Y}_7$：输出端（低电平有效）。

$V_{CC}$：电源正极。

GND：地。

### 二、74LS138 芯片工作原理

74LS138 为 3-8 线译码器，共有 54/74S138 和 54/74LS138 两种线路结构形式，其工作原理如下：

（1）当一个选通端（$S_1$）为高电平，另两个选通端（$\overline{S}_2$）和（$\overline{S}_3$）为低电平时，可将地址端（$A_0$、$A_1$、$A_2$）的二进制编码在 $\overline{Y}_0 \sim \overline{Y}_7$ 对应的输出端以低电平译出，即输出为 $\overline{Y}_0 \sim \overline{Y}_7$。比如：$A_2A_1A_0 = 110$ 时，则 $\overline{Y}_6$ 输出端输出低电平信号。

（2）利用 $S_1$、$\overline{S}_2$ 和 $\overline{S}_3$ 可级联扩展成 24 线译码器；若外接一个反相器还可级联扩展成 32 线译码器。

（3）若将选通端中的一个作为数据输入端时，74LS138 还可作数据分配器。

（4）可用在 8086 的译码电路中，扩展内存。

### 三、74lLS138 逻辑功能真值表

74LS138 真值表如表 14.2 所示。

表 14.2　74LS138 真值表

| 输入 | | | | | 输出 | | | | | | | |
|---|---|---|---|---|---|---|---|---|---|---|---|---|
| $S_1$ | $\bar{S}_2+\bar{S}_3$ | $A_2$ | $A_1$ | $A_0$ | $\bar{Y}_0$ | $\bar{Y}_1$ | $\bar{Y}_2$ | $\bar{Y}_3$ | $\bar{Y}_4$ | $\bar{Y}_5$ | $\bar{Y}_6$ | $\bar{Y}_7$ |
| 0 | × | × | × | × | 1 | 1 | 1 | 1 | 1 | 1 | 1 | 1 |
| × | 1 | × | × | × | 1 | 1 | 1 | 1 | 1 | 1 | 1 | 1 |
| 1 | 0 | 0 | 0 | 0 | 0 | 1 | 1 | 1 | 1 | 1 | 1 | 1 |
| 1 | 0 | 0 | 0 | 1 | 1 | 0 | 1 | 1 | 1 | 1 | 1 | 1 |
| 1 | 0 | 0 | 1 | 0 | 1 | 1 | 0 | 1 | 1 | 1 | 1 | 1 |
| 1 | 0 | 0 | 1 | 1 | 1 | 1 | 1 | 0 | 1 | 1 | 1 | 1 |
| 1 | 0 | 1 | 0 | 0 | 1 | 1 | 1 | 1 | 0 | 1 | 1 | 1 |
| 1 | 0 | 1 | 0 | 1 | 1 | 1 | 1 | 1 | 1 | 0 | 1 | 1 |
| 1 | 0 | 1 | 1 | 0 | 1 | 1 | 1 | 1 | 1 | 1 | 0 | 1 |
| 1 | 0 | 1 | 1 | 1 | 1 | 1 | 1 | 1 | 1 | 1 | 1 | 0 |

## 四、74LS138 芯片使用案例介绍

### （一）基于 74LS138 的 LED 驱动原理图介绍

如图 14.5（a）所示，该芯片的三个输入端 $A_0$、$A_1$、$A_2$ 接在单片机的 P2.2、P2.3、P2.4 三个引脚，$G_1$（$S_1$）引脚接 $V_{CC}$，$\bar{G}_{2A}$（$\bar{S}_3$）和 $\bar{G}_{2B}$（$\bar{S}_2$）引脚接地，输入端口 $\bar{Y}_0$～$\bar{Y}_7$ 引脚接 8 个 LED 灯。根据译码器 74LS138 的功能表，可知 74LS138 的 8 个输出引脚，任何时刻要么全为高电平 1，芯片处于不工作状态，要么只有一个为低电平 0，其余 7 个输出引脚全为高电平 1。图 14.5（b）是 LED 的接线情况，LED 的阳极接电源，阴极接 74LS138 输出引脚，当 74LS138 输出引脚输出低电平时，对应接线的 LED 灯点亮。

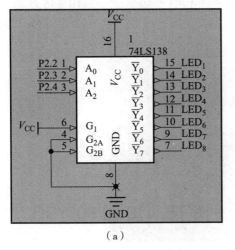
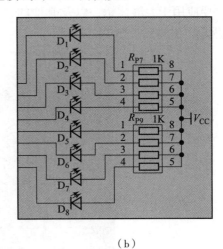

图 14.5　74LS138 芯片引脚图

### （二）基于74LS138的LED驱动程序实现

```c
#include<reg52.h>
sbit A0 = P2^2;
sbit A1 = P2^3;
sbit A2 = P2^4;
/**************给74HC595N发送数据子程序********************/
void main( )
{
    while(1)
    {
        A0 = 0;
        A1 = 0;
        A2 = 1;
    }
}
/**********************************************************/
```

## 第三节　74HC245芯片

### 一、74HC245芯片引脚功能介绍

74HC245是典型的CMOS型三态缓冲门电路，八路信号收发器。由于单片机或CPU的数据/地址/控制总线端口都有一定的负载能力，如果负载超过其负载能力，一般应加驱动器。主要应用于大屏显示，以及其他的消费类电子产品中增加驱动。74HC245实物图如图14.6所示，引脚图如图14.7所示。

图14.6　74HC245实物图

第1脚 DIR（T/R），为输入输出端口转换用，DIR = 1 时信号由 A 端输入、B 端输出，DIR = 0 时信号由 B 端输入、A 端输出。

第 2 ~ 9 脚，A 信号输入输出端，$A_0 = B_0$，$A_7 = B_7$，$A_0$ 与 $B_0$ 是一组，如果 DIR = 1，OE = 0，则 $A_1$ 输入、$B_1$ 输出，其他类同。如果 DIR = 0，OE = 0，则 $B_1$ 输入、$A_1$ 输出，其他类同。

第 11 ~ 18 脚，B 信号输入输出端，功能与 A 端一样，不再描述。

第 19 脚 $\overline{OE}$，使能端，若该脚为"1"，则 A/B 端的信号将不导通，只有为"0"时，A/B 端才被启用，该脚主要是起到开关的作用。

第 10 脚 GND，电源地。

第 20 脚 $V_{CC}$，电源正极。

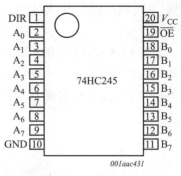

图 14.7　74HC245 引脚图

## 二、74HC245 芯片主要特性

（1）采用 CMOS 工艺。
（2）宽电压工作范围：3.0 ~ 5.0 V。
（3）双向三态输出。
（4）八线双向收发器。
（5）封装形式：SOP – 20、SOP – 20 – 2、TSSOP – 20、DIP – 20。

## 三、74HC245 芯片工作原理

74HC245 是一款常见的驱动信号芯片，常用于各种单片机系统中，单片机 I/O 口输出的电流很小，而 74HC245 芯片就是用来放大电流的，它是具有三态输出的八路缓冲器和线路驱动器，它是双向的，数据能从 A 端流向 Y 端，也可以从 Y 端流向 A 端。74HC245 也常常用于隔离，比如单片机和并口等设备直连，理论上可以直接用单片机的几根 I/O 口接并口线，但如果电路板没做好，可能会连带把计算机并口烧坏，所以要加个 74HC245 芯片隔离一下。

# 第四节　ULN2003 双极型线性集成电路

## 一、ULN2003 双极型线性集成电路引脚功能介绍

ULN2003 是一个单片高电压、高电流的达林顿晶体管阵列集成电路。它是由 7 对 NPN 达林顿管组成的，它的高电压输出特性和阴极钳位二极管可以转换感应负载。单个达林顿管的集电极电流是 500 mA。达林顿管并联可以承受更大的电流。此电路主要应用于继电器驱

动器、字符驱动器、灯驱动器、显示驱动器（LED 气体放电）、线路驱动器和逻辑缓冲器等。

如图 14.8 是 ULN2003 双极型线性集成电路两种不同的封装形式，图 14.8（a）是一种很常见的元器件形式，表面贴装型封装之一，引脚从封装两侧引出，呈海鸥翼状（L字形）。图 14.8（b）是一种普通双列直插式。

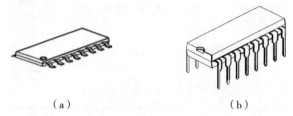

图 14.8　ULN2003 双极型线性集成电路外形图
(a) SOP－16；(b) DIP－16

图 14.9 所示为 ULN2003 双极型线性集成电路引脚图。

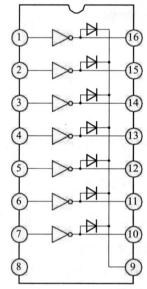

图 14.9　ULN2003 双极型线性集成电路引脚图

引脚 1：CPU 脉冲输入端，端口对应一个信号输出端。
引脚 2：CPU 脉冲输入端。
引脚 3：CPU 脉冲输入端。
引脚 4：CPU 脉冲输入端。
引脚 5：CPU 脉冲输入端。
引脚 6：CPU 脉冲输入端。
引脚 7：CPU 脉冲输入端。
引脚 8：接地。
引脚 9：该脚是内部 7 个续流二极管负极的公共端，各二极管的正极分别接各达林顿管的集电极。用于感性负载时，该脚接负载电源正极，实现续流作用。如果该脚接地，实际上就是达林顿管的集电极对地接通。

引脚 10：脉冲信号输出端，对应 7 脚信号输入端。
引脚 11：脉冲信号输出端，对应 6 脚信号输入端。
引脚 12：脉冲信号输出端，对应 5 脚信号输入端。
引脚 13：脉冲信号输出端，对应 4 脚信号输入端。
引脚 14：脉冲信号输出端，对应 3 脚信号输入端。
引脚 15：脉冲信号输出端，对应 2 脚信号输入端。
引脚 16：脉冲信号输出端，对应 1 脚信号输入端。

## 二、ULN2003 双极型线性集成电路典型应用

基于 ULN2003 的 LED 驱动接线电路图如图 14.10 所示。

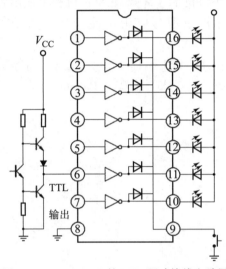

图 14.10　ULN2003 的 LED 驱动接线电路图

## 本 章 小 结

本章主要介绍单片机硬件电路设计过程中使用较广泛的一些数字芯片的基本原理、基本电路和一些基本的使用方法及使用技巧，帮助大家快速掌握单片机和数字电路的结合应用，使用数字芯片以进一步提高单片机程序运行的稳定性，提高单片机程序设计的效率。希望大家对本章中所涉及的数字芯片要了解和掌握，为进一步进行单片机系统设计打下基础。

## ● 练 习 题

1. 使用 74HC595 芯片设计 LED 硬件电路。
2. 使用 74LS138 芯片设计数码管硬件电路。

# 参 考 文 献

[1] 薛庆军,张秀娟. 单片机原理实验教程 [M]. 北京:北京航空航天大学出版社,2008.
[2] 刘平,刘钊. STC15 单片机实战指南(C 语言版)——从 51 单片机 DIY、四轴飞行器到优秀产品设计 [M]. 北京:清华大学出版社,2016.
[3] 肖明耀,程莉,刘平. STC15 增强型单片机应用技能实训 [M]. 北京:中国电力出版社,2016.
[4] 郭天祥. 新概念 51 单片机 C 语言教程 [M]. 北京:电子工业出版社,2009.
[5] 严洁. 单片机原理及其接口技术 [M]. 北京:机械工业出版社,2010.
[6] 张毅刚,彭喜元. 单片机原理与应用设计 [M]. 哈尔滨:哈尔滨工业大学出版社,2008.
[7] 李全利. 单片机原理及应用:C51 编程 [M]. 北京:高等教育出版社,2012.
[8] 张毅刚. 单片机原理及应用:C51 编程 + Proteus 仿真 [M]. 北京:高等教育出版社,2012.